2013年度海洋公益性行业科研专项

典型岛群综合承载力评估与应用

《典型岛群综合承载力评估与应用》课题组　编著

科学出版社

北　京

内 容 简 介

本书综合应用系统科学思想，借鉴地理学、海洋学、环境学、生态学的理论和方法，建立岛群综合承载力评估理论、技术体系及评估软件，以金塘岛及附近岛屿、海坛岛及附近岛屿为实证研究对象，对两个典型岛群的综合承载力进行分析和评价。在此基础上提出提升岛群综合承载力的对策建议。

本书可供从事地理学、区域经济、资源经济、环境经济、生态经济、海洋经济等专业的研究人员、管理人员及高校学生参考使用。

图书在版编目（CIP）数据

典型岛群综合承载力评估与应用/《典型岛群综合承载力评估与应用》课题组编著. —北京：科学出版社，2018.1

2013 年度海洋公益性行业科研专项

ISBN 978-7-03-055751-3

Ⅰ.①典… Ⅱ.①典… Ⅲ. ①岛–环境承载力–研究–中国 Ⅳ.①X321.221

中国版本图书馆 CIP 数据核字(2017)第 293283 号

责任编辑：万 峰 朱海燕 / 责任校对：韩 杨

责任印制：肖 兴 / 封面设计：北京图阅盛世文化传媒有限公司

科学出版社 出版

北京东黄城根北街 16 号

邮政编码: 100717

http://www.sciencep.com

中国科学院印刷厂 印刷

科学出版社发行 各地新华书店经销

*

2018 年 1 月第 一 版 开本：787×1092 1/16

2018 年 1 月第一次印刷 印张：11 1/4

字数：246 000

定价：89.00 元

(如有印装质量问题，我社负责调换)

《典型岛群综合承载力评估与应用》课题组

主　编

刘　明

编委会成员

吴姗姗　黄　伟　潘　翔　蔡惠文

方春洪　陈　悦　张盼盼　吴　剑

刘治帅　王　双　蔡小霞　刘小涯

前 言

我国是海洋大国，海岛众多，面积在 $500m^2$ 以上的海岛就有 6900 多个，若包括小于 500 m^2 的海岛则共有 1.1 万余个。我国海岛资源丰富，区位特殊，是海洋生态系统的重要组成部分，也是我国海洋经济和社会发展的重要依托。近年来，全国海岛开发利用已掀起了新的热潮，尤其是浙江舟山群岛新区上升为国家战略，以及福建平潭综合试验区启动国际旅游岛建设，海岛开发建设日益频繁。大规模的海岛开发建设带来经济效益的同时，也产生了日益严重的生态环境问题，增加了发生海洋安全风险的可能性，严重威胁岛群区域经济社会的可持续发展。这主要体现在以下三个方面。

一是岛群区域综合开发的生态、环境和安全风险有不断增大的趋势，造成其原因有：海洋开发的竞争风险，如港口物流、能源储运、滨海旅游、航道锚地等行业开发产生的海域空间资源竞争风险；海洋开发活动造成的突发事故，如溢油、碰撞、触礁等安全风险；此外，还有台风、风暴潮、海岛岸线侵蚀等自然因素产生的风险。

二是岛群区域大规模的开发建设，使得填海连岛、开山采石等严重改变海岛地形地貌的活动大大增多，造成岛群景观剧烈变化，许多海岛的开发超出了海岛综合承载力，制约了海岛的可持续发展。

三是岛群区域大规模开发建设导致海岛的岛陆、岸线资源遭受破坏，海岛周边海域生物多样性降低，生态环境恶化等，最终导致岛群生态系统受损。

基于我国岛群区域开发存在的以上突出问题，国家海洋局海洋公益性科研专项于 2013 年 1 月启动“岛群综合开发风险评估与景观生态保护技术及示范应用”（项目批准号：201305009），以期突破在岛群综合开发风险评估、岛群综合承载力评估以及海岛生境修复与保育方面的技术方法，探索岛群经济可持续发展模式，提高我国海岛保护与开发综合管理能力。

“岛群综合开发风险评估与景观生态保护技术及示范应用”共包括 5 个子任务。本书是 2013 年度海洋公益性行业科研专项“岛群综合开发风险评估与景观生态保护技术及示范应用”的子任务 2“典型岛群综合承载力评估技术研发与应用”（批准号：201305009-2）的成果之一。子任务 2 项目组由国家海洋局海洋发展战略研究所、国家海洋技术中心、国家海洋局第一海洋研究所、国家海洋局第二海洋研究所、国家海洋局第三海洋研究所、浙江海洋大学。子任务 2 负责人为国家海洋局海洋发展战略研究所刘明博士。

本书在理论和方法上进行了探索性的开拓创新。综合考虑岛群区域“海陆资源-海陆生态-海域环境-社会经济”这一复合系统，利用历史及补充调查的资料、数据、应用资源经济学、生态经济学、环境经济学、区域经济学等理论，采用多学科集成的综合分析方法，对金塘岛及附近岛屿和海坛岛及附近岛屿的综合承载力进行了评估。本书包括四篇，共 11 章。第一篇研究了岛群综合承载力的评估理论与方法。对承载力的概念演化历程、岛群综合承载力的内涵、特征、影响因素进行了较为系统的阐述，构建了岛群综合承载力的基础理论、方法体系和评估模型。第二、第三篇应用所构建的岛群综合承载力评估技术体系，选择金塘岛及附近岛屿、海坛岛及附近岛屿开展综合承载力的评估，并分别从经济模式、产业布局和资源协同优化等方面提出对策建议。第四篇根据岛群综合承载力的基础理论和方法体系，构建岛群综合承载力评估软件，并应用于海坛岛及附近岛屿的综合承载力评价。本书统稿人、各部分编写单位及执笔人如下。

统稿人：刘明

第一篇：

编写单位：国家海洋局海洋发展战略研究所　国家海洋技术中心

编写人员：刘明　吴姗姗　方春洪　刘治帅

第二篇：

编写单位：国家海洋局第二海洋研究所　国家海洋局海洋发展战略研究所　浙江海洋大学　国家海洋局第三海洋研究所

编写人员：黄伟　刘明　蔡惠文　陈悦　蔡小霞　潘翔　刘小涯

第三篇：

编写单位：国家海洋局第三海洋研究所　国家海洋技术中心

编写人员：潘翔　吴姗姗　吴剑　方春洪　刘治帅　王双

第四篇：

编写单位：国家海洋技术中心

编写人员：方春洪　张盼盼　刘治帅　王双

本书研究成果可为我国沿海地方海岛和岛群开发决策提供有益的参考。本书作为学术研究成果，难免有不足之处，敬请读者批评指正。

刘　明

2017 年 7 月于北京

目　录

前言

第一篇　岛群综合承载力评估理论与方法

第 1 章　岛群综合承载力的内涵与特征分析……3
1.1　承载力的概念演变……3
1.1.1　承载力概念的萌芽阶段……3
1.1.2　承载力概念的发展阶段……3
1.1.3　承载力概念的完善阶段……4
1.2　岛群综合承载力的内涵……8
1.3　岛群综合承载力的影响因素……8
1.3.1　岛群区域的自然因素……8
1.3.2　岛群区域的人为因素……9
1.3.3　生态系统稳定性与恢复弹性……9
1.3.4　岛群区域社会文化与发展历史的影响……9
1.3.5　主观因素……9
第 2 章　岛群综合承载力的单要素评估的内容……10
2.1　资源供给能力评估……10
2.1.1　岛群资源供给能力的内涵……10
2.1.2　岛群资源供给能力评估的步骤……10
2.1.3　岛群资源供给能力评估方法……11
2.2　生态支持能力评估……18
2.2.1　岛群生态支持能力的内涵……18
2.2.2　生物多样性评价方法……18
2.2.3　生态健康状态评价方法……19
2.2.4　生态系统服务功能评价方法……23
2.3　海域环境质量评估……26
2.3.1　海水水质现状调查与评价方法……27
2.3.2　沉积物环境质量调查与评价方法……28
2.3.3　海洋生物现状调查与评价方法……29
第 3 章　岛群综合承载力评估技术……31
3.1　评价指标体系中指标的遴选……31

3.2　岛群综合承载力评估方法 32
3.2.1　自然植被净第一性生产力模型 32
3.2.2　资源与需求差量法 33
3.2.3　综合评价法 34
3.2.4　状态空间法 35
3.2.5　生态足迹分析法 43
3.2.6　承载力计算方法的比较分析 45

第二篇　金塘岛及附近岛屿综合承载力评估

第 4 章　金塘岛及附近岛屿基本情况 49
4.1　金塘岛及附近岛屿范围 49
4.2　金塘岛及附近岛屿在舟山群岛中地理位置的重要性 51
4.2.1　区位条件 51
4.2.2　建港条件 52
4.2.3　集疏运体系 52
4.2.4　腹地市场条件 52
4.3　自然概况 52
4.3.1　地质地貌 52
4.3.2　水文气象 53
4.3.3　植被土壤 55
4.4　主要资源 56
4.4.1　岛群陆地资源 56
4.4.2　岛群海洋资源 57
4.4.3　生态状况 59
4.4.4　环境状况 60
4.4.5　社会经济状况 61
第 5 章　金塘岛及附近岛屿综合承载力的单要素评估 63
5.1　资源供给能力评估 63
5.1.1　金塘岛及附近岛屿社会经济发展对资源的需求 63
5.1.2　金塘岛及附近岛屿资源供给能力评估 65
5.2　金塘岛及附近岛屿海域环境质量评估 69
5.2.1　金塘岛及附近岛屿海域功能定位和执行的环境质量标准 69
5.2.2　示范区海域水环境调查结果 69
5.2.3　金塘岛及附近岛屿海域水环境评价结果 79
5.3　生态支持能力评估 79
5.3.1　生态健康评价指标体系 79

5.3.2　生态健康指数……80
5.3.3　生态健康评价……80
5.3.4　评价结论……81
第6章　金塘岛及附近岛屿综合承载力的综合评估……82
6.1　金塘岛及附近岛屿综合承载力的综合评估……82
6.1.1　指标体系的确定……82
6.1.2　理想值确定……83
6.1.3　权重确定……85
6.1.4　评价结果分析……86
6.2　金塘岛及附近岛屿综合承载力分区评价……89
6.2.1　基本思路……89
6.2.2　指标体系构建……89
6.2.3　空间分异评价结果……90
第7章　提升金塘岛及附近岛屿综合承载力的对策建议……92
7.1　金塘岛及附近岛屿承载力现状水平、发展趋势及瓶颈因素……92
7.1.1　航道资源不是港口经济发展的瓶颈因素……92
7.1.2　锚地资源是港口经济发展的瓶颈因素……92
7.1.3　港区泊位资源是未来港口经济发展的瓶颈因素……92
7.2　提升金塘岛群综合承载力的对策与措施……93
7.2.1　优化金塘岛及附近岛屿港区空间资源，实现港区空间资源利用最大化……93
7.2.2　大力推进海铁联运发展，加快集疏运模式转型升级……93
7.2.3　积极推进“智慧港区”建设，有效提升港区综合服务能力……93
7.2.4　不断改善金塘岛及附近岛屿周边海域的水质……94

第三篇　海坛岛及附近岛屿综合承载力评估

第8章　海坛岛及附近岛屿基本情况……97
8.1　海坛岛及附近岛屿范围……97
8.2　自然资源状况……99
8.2.1　土地资源……99
8.2.2　淡水资源……99
8.2.3　岸线和港口资源……99
8.2.4　旅游资源……99
8.2.5　渔业资源……100
8.2.6　可再生资源……100
8.2.7　非物质文化遗产……100

8.2.8 矿产资源 …… 100
8.3 自然环境状况 …… 100
8.3.1 地质地貌 …… 100
8.3.2 水文 …… 101
8.3.3 气候气象 …… 102
8.3.4 土壤植被 …… 102
8.3.5 自然灾害 …… 103
8.4 社会经济状况 …… 104
8.4.1 社会条件 …… 104
8.4.2 经济发展 …… 104
第 9 章 海坛岛及附近岛屿综合承载力的单要素评估 …… 106
9.1 资源供给能力评估 …… 106
9.1.1 土地资源供给能力 …… 106
9.1.2 岸线资源供给能力 …… 109
9.1.3 浅海资源供给能力 …… 109
9.1.4 旅游资源供给能力 …… 110
9.1.5 淡水资源供给能力 …… 110
9.1.6 岛群综合供给能力评价 …… 110
9.2 生态支持能力评估 …… 112
9.2.1 评价指标体系 …… 112
9.2.2 生态支持能力评估所需数据来源 …… 113
9.2.3 评价结果 …… 113
9.3 环境质量评估 …… 119
9.3.1 海坛岛及附近岛屿海域功能定位和执行的环境质量标准 …… 119
9.3.2 海坛岛及附近岛屿近岸海域水环境现状 …… 123
9.3.3 海坛岛及附近岛屿近岸海域海水水质调查与评价 …… 123
第 10 章 海坛岛及附近岛屿综合承载力的综合评估 …… 132
10.1 海坛岛及附近岛屿综合承载力的综合评估 …… 132
10.1.1 评估指标体系构建 …… 132
10.1.2 数据处理 …… 133
10.1.3 海坛岛及附近岛屿综合承载力分析 …… 136
10.2 海坛岛及附近岛屿综合承载力分区评价 …… 138
10.2.1 研究方法 …… 138
10.2.2 研究过程 …… 140
10.2.3 结论 …… 145
10.3 提升海坛岛及附近岛屿综合承载力的对策建议 …… 146

10.3.1 可建设用地存量足但总量有限，须集约用地……146
10.3.2 限制工业建设占用岸线资源，优先保障旅游开发岸线需求……146
10.3.3 限制控制北部海洋开发活动，预留夏季海洋生物生长区……147
10.3.4 统筹岛群区域开发格局，主岛城市建设小岛保护开发……147

第四篇　岛群综合承载力评估软件开发与应用

第11章　岛群综合承载力评估软件开发与应用——以海坛岛及附近岛屿为例……151
11.1 系统总体设计……151
11.1.1 系统建设方案……151
11.1.2 逻辑框架设计……151
11.1.3 功能设计……152
11.2 系统模块功能实现……153
11.2.1 系统主界面……153
11.2.2 数据管理……154
11.2.3 数据评估……156
11.2.4 岛群综合承载力空间分区评价……159

参考文献……163

第一篇　岛群综合承载力评估理论与方法

第 1 章　岛群综合承载力的内涵与特征分析

本章基于岛群陆海双重特征及多岛系统优化开发的需求，在对岛群景观特征分析的基础上，界定岛群概念，结合承载力的概念演变特征，阐述岛群综合承载力的概念与基本内涵，并对其特征和影响因素进行综合分析。

1.1　承载力的概念演变

承载力的概念演变大致经历了三个阶段，即萌芽阶段、发展阶段和完善阶段。萌芽阶段学术界认为承载力是系统的容纳能力；发展阶段强调人口与环境的协调均衡发展；完善阶段这一时期各种单要素承载力概念和评价方法的出现，使得承载力理论快速发展。

1.1.1　承载力概念的萌芽阶段

承载力的萌芽阶段是从 18 世纪末直到 20 世纪 20 年代，大致经历了约 130 年。这一时期学术界主要认为承载力是系统的容纳能力。当时生态学家认为在资源空间无限的情况下，种群数量动态将随时间发展呈指数增长。但实际上资源不可能无限，种群的扩张很快就会达到生态系统上限。

马尔萨斯在 1798 年出版的《人口原理》中提出了资源有限并影响人口增长的理论。1838 年比利时数学家 Verhulst 将马尔萨斯的人口论用 Logistic 方程表示出来，并用容纳能力指标来反映环境约束对人口增长的限制作用，这可以说是标志着承载力研究的起源。1921 年，Park 和 Burgess（1921）在人类生态学领域中首次使用了承载力的概念，并将其定义为在某一特定环境条件下（主要指生存空间、营养物质、阳光等生态因子的组合），某种个体存在数量的最高极限。这一时期承载力概念最鲜明的特点在于它代表了一种最大的极限容纳量，是一种绝对数量的概念，没有机制的探讨，研究也主要局限于生态学范畴。

但实际上，“最大容量”往往无法实现，因为种群在达到稳定的最大值之前会由于资源过度损耗而难以为继。因此，在到达理论最大值之前，很可能存在一种平衡状态。

1.1.2　承载力概念的发展阶段

承载力研究的发展主要是在生态学和人口统计学的研究中完成的，这一时期主要是从20世纪20年代到80~90年代。这一时期，生态学家已认识到了现实生态系统中生物之间的相互作用很复杂，以及环境的多重稳定状态时的生物种群数量的变化通常具有非线性变化特征，因此实际上很难用简单的Logistic增长模型来描述自然种群的动态变化特征。

这一时期，许多学者已认识到容纳能力本身与人口存在着较为复杂的比例关系。不确定性和随机的环境变化往往对容纳能力有重要的影响，但在计算容纳能力时往往难以将这种影响考虑在内。这一时期，容纳能力的概念主要强调生态系统的资源基础，尽管也强调环境、技术等因素的影响，但并没有关注经济和社会福利等目标，因此仍存在许多需要完善的方面。

1.1.3　承载力概念的完善阶段

20世纪60~70年代，容纳能力的概念被广泛应用于讨论环境对人类活动的限制，以及用来说明生态系统和经济系统的相互影响。之后，从20世纪90年代至今，承载力突破了容纳能力的概念，人们已经认识到人类社会系统只是生态系统的一个子系统，人类社会系统结构和功能取决于生态系统的结构和功能状态，生态系统提供的资源和环境支撑着整个人类社会系统。因此，承载力的研究对象是整个生态经济系统，研究的是生态经济系统中各个组成成分之间的和谐共存关系。承载力的概念相比容纳能力来说内容范围和含义都要广泛得多（Sagoff，1995）。这一时期，多种单要素承载力概念的出现，使得承载力理论实现了快速发展。

1. 单资源承载力

资源承载力研究的目的在于揭示如何实现资源的合理配置以及实现资源的可持续利用。20世纪80年代初联合国教科文组织（UNESCO）和粮农组织（FAO）将资源承载力定义为："一个国家或地区的资源承载力是指在可以预见的时期内，利用本地能源及其自然资源和智力、技术等条件，在保证符合其社会文化准则的物质生活水平条件下，该国家或地区能持续供养的人口数量"（UNESCO and FAO，1985）。在具体实践中，承载力的概念和理论已应用到土地资源、旅游资源、水资源和矿产资源等领域，已形成了各自的概念、内涵以及评价方法。

1）土地资源承载力

随着全球耕地面积日趋减少，土地成为稀缺资源。学术界开始将承载力应用到土地资源领域，提出了土地资源承载力。美国学术界对非洲、热带雨林农业、刀耕火种与轮作方式的土地资源承载力进行了研究。联合国粮农组织将土地资源承载力的内涵定义为将每公顷土地的农业产出所能承载的人口数量（FAO，1982）。

从20世纪90年代开始，中国学术界开始了土地资源承载力的研究和应用。这方面研究主要是通过构建指标体系评价区域土地资源承载力，以期为土地利用的空间布局调整提供参考。李强等（2016）对京津冀（北京、天津、河北，以下简称京津冀）土地承载力进行了评价和空间分异研究。研究表明：京津冀土地承载状态在空间分布上呈点状分散与带状聚集的分布特征，京津走廊、冀中南区域等均具有较好的土地承载状态。通过土地的统筹配置，设施建设用地规模管理与空间管制机制，强化节约集约利用土地，可保障京津冀协同发展的土地利用需求（李强等，2016）。于广华和孙才志（2015）对环渤海沿海地区的土地承载力进行了综合评价。研究表明，2000 至 2011 年，环渤海地区土地承载力整体呈持续上升趋势，但空间分布差异显著，天津、唐山、大连、盘锦、青岛、烟台、东营、威海土地承载力相对较高，锦州、营口、秦皇岛、滨州、潍坊、日照属于中等水平，沧州、丹东、葫芦岛土地承载力相对较低。彭文英和刘念北（2015）研究认为京津土地资源人口承载力已基本达到饱和，环京津的冀东、冀中地区承载潜力还较大，冀北地区应紧缩开发空间而拓展生态空间。首都圈土地资源开发利用及人口发展战略为：首都圈北部生态屏障建设区，人口限制发展；中部都市功能优化区，人口控制增长；东部人口产业沿海集聚区，人口鼓励增长；南部绿色空间优化区，人口适度增长。首都圈的健康发展，应实施差异化的土地利用及人口发展政策，整体提升人口承载力，并加大区域统筹力度，科学、合理地引导人口的空间分流和聚集（彭文英和刘念北，2016）。

2）旅游资源承载力

20 世纪世界旅游业的发展曾忽略其对社会经济和自然环境的破坏。而事实上，旅游景区所能容纳的游客人数有限，旅游者过度密集会引发诸多环境、经济问题和社会矛盾。

1963 年 Lapage 首先引入旅游容量概念（刘晓冰和保继刚，1996），但没有明确定义。20 世纪 70 年代由于环境生态问题的日益突出，旅游容量理论逐步得到重视和发展。Inskeep（1991）指出旅游容量包括了接待能力和环境承受能力。

目前，学术界对旅游容量的认识尚未统一，究其原因可能与旅游景区异质性有关。学术界对于旅游资源承载力的研究则更倾向于认为旅游资源承载力是一定时期内景区容纳的游客数量。熊鹰和杨雪白（2014）提出，旅游资源承载力（容量）是指一定的地域内在空间上所能承纳的游客数量，其大小主要取决于旅游区内土地（游览面积）面积、步行游道，土地面积越大，承纳的游客就越多，旅游地资源空间承载力就越大。研究表明，岳麓山核心风景区旅游资源空间承载力夏半年为 11 449 人/天，冬半年为 10 304 人/天，年均承载量为 396.97 万人次。蒋贵彦和卓玛措（2013）对青海南部高原藏区 5 个生态旅游景区的生态旅游资源的空间承载量进行了测算。结果表明，由于海拔高，生态环境原始脆弱，青海南部高原藏区的生态环境承载力相对较小，5 个景区的日承载力为 533~1344 人，年均承载力为 79 950~201 600 人。目前各旅游景点还有很大的发展空间，在将来的可持续发展过程中要考虑到景区外的交通条件，提高景区的可进入性。

3）水资源承载力

水资源承载力是承载力概念与水资源领域的结合，但国外相关研究较少，理论和实证研究也不多见。我国对水资源承载力较为重视。近几年，水资源承载力从概念和内涵、特性和影响因素、理论和方法，都得到快速的发展，成为国内水资源领域的研究热点。

水资源承载力的定义可分为三类：第一类定义表现为可供养人口，20 世纪 80 年代 FAO 和 UNESCO 定义为“在未来不同的时间尺度上，一定生产条件下，在保证正常的社会文化准则的物质生活水平下，一定区域（自身水资源量）用直接方式表现的资源所能持续供养的人口数量”[①]。王浩（2004）定义为“某一具体的区域和发展阶段下，以可预见的技术、经济和社会发展水平为依据，以可持续发展为原则，以维护生态环境良性发展为前提，在水资源合理配置和高效利用的条件下，区域社会经济发展的最大人口容量”。该类定义是国内较早提出的水资源承载力定义。类似的研究有熊鹰等（2016）。第二类定义了水资源可利用量，如许有鹏（1993）、傅湘和纪昌明（1999）等定义的水资源承载力“在一定的技术经济水平和社会生产条件下，水资源可最大供给工农业生产、人民生活和生态环境保护等用水的能力”，强调了水资源所能供给的量，属于水资源开发容量或水资源开发规模论，强调在最大可开发容量下水资源可以自然循环和更新。有关水资源科利用量的研究有焦雯珺等（2016）、杨喆等（2016）、Fakhraei 等（2014）等。第三类定义从水-生态-社会经济复杂系统出发，侧重的是区域水资源所能支撑的综合指标，包括人口、经济和环境三方面因素。该类定义较多，如贾嵘等（1998）提出的“水资源承载力是指在一个区域或流域的范围内，在具体的发展阶段和发展规模条件下，当地水资源对该地区经济发展和维护良好的生态环境的最大支撑能力”。类似的还有傅春和冯尚友（2000）、夏军和朱一中（2002）、陈洋波和陈俊合（2004）、谢高地等（2005）、戴明宏等（2016）的观点。

2. 环境承载力

环境承载力概念表述的核心包括两个方面：某区域内对各种污染物的容纳能力大小；某区域内人类在不破坏自然环境的前提下可进行的最大限度开发活动。

1974 年，Bishop 在《环境管理中的承载力》一书中指出“环境承载力表明在维持一个可以接受的生活水平前提下，一个区域所能永久的承载的人类活动的强烈程度”。

国内学者唐剑武和叶文虎将环境承载力定义为：“某一时期，某种环境状态下，某一区域环境对人类社会经济活动支持能力的阈值”（唐剑武和叶文虎，1998）。毛汉英和余丹林（2001）认为：所谓某种环境状态是指“环境系统的结构不向明显不利于人类生存方向转变”。在此之后，有关环境承载力的概念大体相同。例如，张静等（2016）提出：“环境承载力是指在一定时期、一定状态或条件下、一定的区域范围内，在维持区域环境系统结构不发生质的变化、环境功能不遭受破坏，或者满足特定环境质量标准前提下，区域环境系统所能承受的人类各种社会经济活动的能力，即环境对区域社会经济发展的最大支持阈值，是环境的基本属性和有限的自我调节能力的量度”。皮庆等（2016）从“压力-状态-响应”模型（PSR）的作用机制出发，构建了包括系统压力、状态、响应 3 个子系统 26 项指标的环境承载力评价指标体系，并对武汉城市圈环境承载力进行实证分析。研究得出结论：近年来各城市以及城市之间环境承载力变化较明显，整个武汉城市圈环境状况从西北部向东南部地区逐渐递减；武汉和孝感市环境状况有所改善，

① UNESCO, FAO. 1985. Carrying capacity assessment with a pilotstudy of Kenya: a resource accounting methodology for sustainable Development. Paris and Rome.

环境承载力逐渐增强，黄石、鄂州两地环境状况不断恶化，环境承载力逐渐下降，其他地区环境承载力变化相对较小等。

环境承载力实质上是研究者仅关注了环境因子作为承载体的作用，而缺乏对人类活动和生态系统的整体考虑。随着可持续发展理论的诞生与应用，生态承载力的提出使承载力研究上升了一个新高度。

3. 生态承载力

可持续发展理论引入承载力概念，极大地丰富了承载力的内涵。以区域为研究对象的可持续生态承载力的概念逐渐兴起，为可持续研究提供了评判基础。高吉喜（2001）的表述是有关生态承载力概念的代表性表述。他认为，“生态承载力是指生态系统的自我维持、自我调节能力，资源与环境子系统的供容能力及其可维持的社会经济活动强度和具有一定生活水平的人口数量”。此概念以人类社会为核心，以生态系统的过程机制为支撑框架，以可持续为认知标准。他强调特定生态系统所提供的资源和环境对人类社会系统良性发展的支持能力，涵盖资源与生态环境的共容、持续承载和时空变化，而且更多地考虑到了人类价值的选择、社会目标和反馈影响。同时，这种能力可以发展、也可以衰退。这取决于人类能动作用的方式是否符合可持续发展的理念和生态系统自组织过程的客观规律。

目前，国内外有关生态承载力的相关研究的主要方法有净初级生产力估测法、生态足迹法、供需平衡法、综合指标评价法和系统模型法等。国内学者从生态系统的结构和功能出发，主要对流域生态承载力、生态脆弱区生态承载力、城市生态承载力、农业生态承载力、生态旅游承载力开展了研究。

4. 综合承载力

人类社会系统仅只是生态系统的一部分，仅关注资源或环境单因素都是不科学的。因此，承载力的研究重点逐步转移到了综合研究上。随之，城市综合承载力、区域综合承载力等概念相继出现。

严格的城市承载力概念，是由OH K、Jeong Y、Lee等定义的。OH等（2002）认为，城市综合承载力是指城市在不产生任何破坏的状况下所能承受的最大负荷，即城市的资源禀赋条件、生态环境状况和基础设施水平对城市人口和经济社会活动的承载能力。陈丙欣和叶裕民（2008）认为，城市承载力是资源、经济和社会的有机结合，是指城市的资源禀赋、生态环境、基础设施和公共服务对城市人口及社会经济活动的承载能力。这个概念已经超越了资源环境承载力的概念，即整个城市能容纳多少人口、能承担多少就业、能提供什么程度的生活质量等，它是资源承载力、环境承载力、经济承载力和社会承载力的有机结合体。李东序和赵富强（2008）认为，城市承载力是指一定时期、一定空间区域和一定的社会、经济、生态环境条件下，城市资源所能承载的人类各种活动的规模和强度的阈值。金磊（2008）认为，城市承载力指的是城市安全容量，是指在一段时期内城市灾害不会对城市社会、环境、经济、文化等安全保障系统造成无法承受的不利影响的最高限度，可将其量化为城市对所受灾害的最大容忍度。虽然不同学者对城市承载力的定义不同，但其本质上一致，即城市对内外部环境变化的最大承受能力，城市承载力是一个阈值。

区域承载力是 21 世纪后逐步发展起来的。区域承载力一般是指不同尺度区域在一定时期内，在确保合理开发利用和生态环境良性循环的条件下，资源环境能够承载的人口数量及相应的经济社会总量的能力。区域承载力的评价步骤一般是首先构建包括压力指标、承压指标以及区域交流指标的综合指标体系，然后用状态空间法进行综合评价。这方面研究成果较为丰富，如刘明华等（2014）、宋艳春和余敦（2014）、刘惠敏（2011）、叶属峰（2012）、苏盼盼（2014）、雷勋平（2016）、张继民等（2012）、翁骏超等（2015）等的研究。

1.2　岛群综合承载力的内涵

岛群是由若干地理位置相近，海域相通的单岛组成的具有更好保护和开发价值的地理单元或生态系统。

岛群综合承载力是指岛群区域在一定时期内，在确保资源合理利用和生态环境向良性循环的条件下，资源、生态环境能够承载的人口数量和相应的经济社会总量的能力。岛群综合承载力涉及资源、生态、环境以及外部调节四个主要要素，是外部调节因子调控下的岛群资源、生态环境四者组成系统的综合承载力，而非四者简单相加。

岛群综合承载力包括“承压”和“压力”两层含义。“承压”是指岛群的自我维持与自我调节能力，以及资源与环境子系统的供给能力。“压力”是指岛群人地系统内社会经济子系统的发展能力。岛群综合承载力评价就是要通过阐释岛群的承压和压力之间的关系，探索岛群开发存在的问题，提出协调发展的对策。

岛群综合承载力包含岛群资源供给能力、生态系统支持能力以及岛群海域环境质量。岛群资源供给能力是指岛群区域的陆地资源和海洋资源的数量、可供给量以及潜在的价值量等。岛群生态支持能力包括岛群生物多样性、生态健康状态以及生态系统服务功能，其对人类活动和岛群开发的支持力度影响岛群承载力大小。岛群环境容量是指在一定的环境目标下，陆地及海洋所能够容纳的污染物最大数量。岛群环境容量理论上应包括海域环境容量、水域环境容量、大气环境容量、土地环境容量。但实际上，由于岛群空气流通快，大气污染易于扩散。我国海岛一般水资源和土地资源较为稀缺，通常不会作为污染物排放的载体。因此，岛群的环境容量可仅考虑岛群中的海域环境容量。

1.3　岛群综合承载力的影响因素

岛群综合承载力受到多种因素的影响，包括岛群区域自然资源、环境条件、区域社会经济文化、人类海洋开发活动以及主观因素（评价方法和评价指标等）的影响。

1.3.1　岛群区域的自然因素

影响岛群综合承载力的自然因素主要包括地理位置、气候环境、生物和非生物资源等。在资源方面主要表现为资源的数量、质量及开发程度。在海洋环境方面，主要表现为海洋环境容量和质量状况，其影响因素主要有水体几何参数、水文参数、水体受污染的程度、水生态系统健康程度、水生生物多样性的保护程度、水环境质量要求、污染物特性等。

1.3.2　岛群区域的人为因素

影响岛群综合承载力的人为因素主要是指人类活动造成的压力和对承载力的调控两方面。人类活动造成的压力取决于人口数量、结构和经济发展，以及经济发展对海洋环境的污染和对海洋生态系统的破坏。

人类对岛群综合承载力的调控作用主要体现在科技的进步、调整人类经济活动模式和调动区域外因素等 4 个方面：①科技进步可以不断发现新能源；可以改变生产产品的工艺流程，提高原材料、能源的利用率，削减污染物的排放量；可以提高废弃物的回收利用率，降低人类经济活动对环境造成的压力；还可以提高人们的管理水平。科技进步是提高综合承载力的最有效途径之一。②通过调整人类自身活动提高岛群综合承载力。例如，优化海洋产业结构，降低对海洋造成较大压力的产业比例，并对资源进行合理配置；合理布局工业，对某些污染较重的企业实施搬迁。③人类对综合承载力的调控作用还表现为调动区域外因素提高岛群综合承载力。例如，引水工程、输电工程等跨区域的资源调配。④岛群综合承载力的大小还与区域海洋文化、思想意识、生活水平、消费方式、国家或当地政府的决策等因素有关。

1.3.3　生态系统稳定性与恢复弹性

岛群具有陆海双重属性，陆海相互作用较为频繁，因此岛群生态系统易受外界干扰因素破坏。随着岛群区域生态系统受到生态环境破坏、生物多样性减少、污染加剧等巨大压力，其恢复弹性也逐步趋于饱和，岛群区域承载力将逐步由富余状态转变为超限状态。因此，应充分认识到自然因素和人为因素对岛群区域生态系统的不利影响，同时采取有效手段对不断变化的岛群区域生态系统进行监测，对受损的海岛生态系统进行修复，促进岛群综合承载力处于富余状态。

1.3.4　岛群区域社会文化与发展历史的影响

我国沿海地区居民在长期的海洋开发活动中形成丰富多样的社会思想文化、宗教信仰、价值观、社会风俗等，但有些思想观念存在片面性，导致岛群区域资源损耗、海洋环境受到污染、利益冲突等问题。

1.3.5　主观因素

目前综合承载力的研究仍没有统一的评价指标体系、评价方法、操作手段等，因此产生的研究结果也往往不同。

第 2 章　岛群综合承载力的单要素评估的内容

岛群综合承载力的单要素评估的主要内容包括三个方面，即岛群资源供给能力评估、生态支持能力评估和海洋环境质量评估。

2.1　资源供给能力评估

岛群资源包括陆地资源和海洋资源。因此，对岛群资源供给能力的评价就需要借鉴海洋资源供给能力、土地开发潜力评价、水资源承载力、无居民海岛开发适宜性评价等领域研究的成果，建立岛群资源供给能力的内涵、评价步骤和评价方法，为岛群资源供给能力提供技术支撑（吴姗姗等，2014）。

2.1.1　岛群资源供给能力的内涵

岛群资源供给能力取决于资源禀赋条件和社会经济发展的需求，具体表现在 5 个方面：一是资源的种类和数量。岛群内拥有的可利用资源种类越丰富，资源数量越多，则资源的供给能力越强。二是资源的质量，其优劣直接决定开发的成本和效益，决定资源的可用性和开发价值。三是资源空间组合和配置，不仅包括岛陆资源、周边海域资源内部的组合和配置，对资源开发的效益具有重要影响。良好的空间组合和配置，可以发挥出“1+1>2”的效果。四是地区社会经济发展对岛群资源开发的需求。五是资源开发风险，包括自然风险和社会风险。资源的开发风险越高，对供给能力的影响越大。

2.1.2　岛群资源供给能力评估的步骤

影响岛群资源供给能力的因素很多。不同的岛群，影响资源供给能力的各项因素及其影响程度差异很大。岛群资源供给能力的评价的基本步骤如下。

1. 掌握岛群资源条件

在明确岛群区域范围的基础上，通过历史资料收集、遥感解译和判读、现场调查和验证、调研座谈等多种方式，获取岛群区域内资源的种类、数量、质量、空间分布以及开发利用现状等基础信息，为资源供给能力评价提供基础。

2. 遴选主要资源

岛群资源种类较多，就需要对影响供给能力的主要资源进行遴选。遴选岛群主要资源需要结合社会经济发展对岛群开发的需求，即有关战略、规划、政策等对岛群开发的导向。遴选导致主要资源就是将支撑岛群主导产业发展方向的资源筛选出来。若一类资源没有经济社会发展的需求，在一定时期内岛群资源可能很少被开发利用，也就没有必要进行供给能力的评价。

3. 建立评价方法

一般情况，遴选的主要资源有可能是单一资源，但一般来说会是多种资源，而不是单一资源。因此，资源供给能力评价，包括单资源评价和综合评价。

单资源评价，一般采用定性、定量方法，评价资源的实物量，如地下淡水资源储量、景区（点）数量、矿产资源储量、深水岸线长度等。同时，分析资源的供给量，即可供开发的数量；结合地区经济发展现状，分析资源对地区经济发展的支撑作用能够达到预期目标。

综合评价，是对多种资源供给能力的全面系统评价。不同种类资源的量纲、评价标准和等级等存在很大差异，需要统筹考虑。评价需要结合各主要资源的特点，可建立多指标的评价体系，采用多要素综合评价方法判断资源综合供给能力。所得结果越大，则说明对岛群区域经济的支撑能力越大。

4. 实施评价

根据建立的评价方法，进行单资源供给能力评价、综合供给能力评价，并对评价结论进行分析。同时，充分考虑资源开发可能出现的问题和瓶颈，提出促进资源可持续利用的建议和对策。

2.1.3　岛群资源供给能力评估方法

岛群资源供给能力评估方法涉及两方面内容，即单资源的岛群供给能力评估和多种资源的岛群资源供给能力评估。单资源的岛群供给能力评估，其评估的目的是判断单资源的开发能够满足岛群区域发展的需求。多种资源的综合评估则判断的是多种资源的综合供给能力的强弱。

1. 单资源的岛群资源供给能力评估方法

岛群的主要资源包括渔业资源、港区交通资源、旅游资源等。有关岛群资源的供给能力需要借鉴相应资源承载力的评估方法。

1）海洋渔业资源供给能力

海洋渔业资源是可耗竭资源，因此其在一定时期内的供给量是有限度的。海洋渔业供给量不能超过海洋渔业的最大可持续捕捞量。因此，最大可持续捕捞量就是岛群海域的海洋渔业资源供给能力。

最大可持续捕捞量可用 Walter 和 Hilborn 提出的非平衡产量模型进行资源评估。Walter 和 Hilborn（1976）模型是 Schafer 渔业模型差分化的结果，模型如下：

$$B_{t+1} = B_t + rB_t(1 - B_t / K) - C_t \tag{2.1}$$

式中，B_t 为 t 时的生物量；r 为自然增长率；K 为最大生物容量；B_t 为 t 时的鱼获量，C_t 被定义为 $C_t = qB_t f_t$，q 为捕获系数，f_t 为 t 时的捕捞努力量。

根据关系式 $B_t = U_t / q$，将 B_t 用 U_t（U_t 是单位努力量的捕获量）来代替，可得

$$U_{t+1} / q = U_t / q + rU_t / q[1 - U_t / (K / q)] - U_t f_t$$

经过重新排列，可得

$$U_{t+1} / U_t - 1 = r - rU_t / (K / q) - qf_t \tag{2.2}$$

式（2.3）可以转化成标准的多元线性回归方程：

$$Y = b_0 + b_1 X_1 + b_2 X_2 \tag{2.3}$$

式中，Y 为 U_{t+1}/U_t-1；X_1 和 X_2 为 U_t 和 f_t；b_0、b_1 和 b_2 分别为回归参数 r、$r/(Kq)$ 和 $-q$。

通过多元线性回归分析，可计算出最大可持续捕捞量 F_{MSY}：

$$F_{\text{MSY}} = rk / 4 \tag{2.4}$$

式中，F_{MSY} 为最大持续捕捞量。

以上海洋渔业最大持续产量计算的思路是：通过单位努力量的捕获量年增长率（U_{t+1}/U_t-1）和各年用渔船总功率表征的捕捞努力量（f_t）、单位努力量的捕捞量（U_t）之间的相关关系，模拟出渔业资源自然增长率（r）、最大渔业资源容量（K）和捕捞系数（q）。从而，可获得海洋渔业最大可持续捕捞量。

2）港区交通资源供给能力

港区交通资源供给能力评价需引入港区交通资源承载力的概念。康与涛等认为港区交通承载力是在一定时期和范围内，港区交通资源能够支撑港区维系自身安全快捷和清洁发展的能力（康与涛等，2013）。为衡量港区交通资源承载力的大小，需要引入港区交通资源承载力水平的概念。港区交通资源承载力水平是指在特定海域范围内，在一定的发展阶段内，交通资源承载力满足交通需求的程度。港区交通资源承载力水平表现为交通资源容量对港区交通资源需求量的承压能力，因此，港区交通资源的承载力可以采用压力指标与承压指标的比值即承载力指数来衡量。压力指标是指港区交通资源承载的主体，包括货物吞吐量、船舶流量等；承压指标是指港区海域的现有航道资源、锚地资源、港区码头泊位资源与一定的管理手段等。

（1）港区海洋交通资源承载力概念及内涵。

港区海洋交通资源承载力包括港区航道资源承载力、锚地资源承载力和港区码头泊位承载力。港区海洋交通资源承载力表现为港区交通资源容量对港区交通资源需求量的承压能力。用承载力的三要素来衡量，即：承载体是港区交通资源，承载对象是港区经济发展的需求，承载规模是港区交通资源承载的经济发展水平。用压力指标和承压指标

衡量，则压力指标是指港区海洋交通资源承载的主体，包括货物吞吐量、船舶流量等；承压指标是指港区海域现有的航道资源、锚地资源、港区码头泊位资源，以及一定的管理手段、辅助设施及设备等。管理手段、辅助设施及设备可以通过提高航道资源、锚地资源和港区码头泊位资源的利用率和效率，来提高港区海洋交通资源承载力。

航道承载力和锚地承载力可以分别用相应的指数计算。航道承载力指数可表示为货物吞吐量与航道货物通过能力的比值。锚地承载力指数可表示为锚地需求面积与锚地资源面积（实际可用面积）的比值。

（2）港区海洋交通资源承载力理论模型。

A. 港区航道资源承载力模型

航道资源承载力指数与航道货物通过能力相关。航道货物通过能力主要与船舶实载率与船型结构比例有关。因此，航道年货物通过能力可以表述为以下形式：

$$T = R_1 D \sum_{i=1}^{4} \beta_i \chi_i \varphi_i \tag{2.5}$$

式中，T 为航道年货物通过能力，t；R_1 为航道实际交通容量，艘；D 为标准船型平均载重，t；β_i 为第 i 种船型的平均实载率，%；χ_i 为第 i 种船型所占的比例，%；φ_i 为第 i 种船型装卸货率，%；i 为 1~4，代表 4 种船型，分别为杂货船、油船、集装箱船和液化气船。

港口航道资源的承载力指数 I_h 可表述为以下形式：

$$I_h = \frac{T_0}{T} = \frac{T_0}{R_1 D \sum_{i=1}^{4} \beta_i \chi_i \phi_i} \tag{2.6}$$

式中，T_0 为港口的年货物吞吐量，t。

B. 锚地资源承载力模型

锚地资源承载力指数采用可用锚地面积的需求量与实际可用锚地面积的比值来表示。由于不同水深等级的锚地服务于不同吨位船舶，因此，所建立的理论模型必须能够反映锚地水深等级不同。某一水深锚地的资源承载力指数可表述为

$$I_j = \frac{A_{0,j}}{A_j} = \frac{c_j N_j (t_j / 30) S_j}{l A_{1,j}} \tag{2.7}$$

式中，I_j 为第 j（j=1，2，…，n）种水深锚地的资源承载力指数；$A_{0,j}$ 为第 j 种水深锚地的需求面积，m^2；A_j 为第 j 种水深锚地的实际可用面积，m^2；l 为锚地面积利用率，%；$A_{l,j}$ 为第 j 种水深锚地的总面积，m^2；c_j 为第 j 种水深锚地的比例，%；N_j 为第 j 种水深锚地月平均锚泊船舶数量，艘；t_j 为在第 j 种水深锚地的船舶平均锚泊时间，d；S_j 为在第 j 种水深锚地锚泊的 1 艘船舶占用的锚地面积，m^2。

因此，可得到不同水深等级的锚地资源综合承载力指数 I_m 为

$$I_m = \sum_{j=1}^{n} a_j I_j \tag{2.8}$$

式中，a_j 为第 j 种水深锚地资源承载力指数的权重。

C. 港区码头泊位资源承载力模型

船舶到港过程可视为泊松过程，在港口排队服务系统中，排队规则为船舶依次接受服务；不论排队时间多长，船舶都不得中途离港；一个时段 1 个泊位只能服务 1 艘船舶，并且船舶吨位不超过泊位的靠泊能力。在这些假设下，港口码头泊位服务强度为

$$\rho = \frac{\lambda}{C\mu} \tag{2.9}$$

式中，ρ 为码头泊位的服务强度，反映港口码头的泊位利用率，一般情况下，$\rho<1$，当 $\rho \geqslant 1$ 时将出现无限排队现象；C 为码头泊位数量；λ为每天到港船舶的平均数量，艘/d；μ 为每天服务完毕的船舶数量，艘/d。

码头泊位全部空闲的概率 P 为

$$P = \left[\sum_{k=0}^{C-1}\frac{1}{k!}\left(\frac{\lambda}{\mu}\right)^k + \frac{1}{C!}\frac{1}{1-\rho}\left(\frac{\lambda}{\mu}\right)^C\right]^{-1} \tag{2.10}$$

式中，k 为码头空闲泊位数量。

在港待泊的平均排队船舶数量 M 为

$$M = \frac{(C\rho)^C \rho}{C!(1-\rho)^2} P \tag{2.11}$$

船舶在港平均排队时间 W 是指从船舶到达时刻起到开始接受全部服务所经历的时间，即：

$$W = M / \lambda \tag{2.12}$$

根据以上分析，最终得出港口通过能力评价指标有 4 个，分别为港口码头泊位服务强度、平均排队船舶数量（艘）、平均排队时间（d）与码头泊位空闲概率（%）。其中，以下 3 个指标集中反映了港口码头泊位的资源承载力：港口服务强度为介于（0，1）之间的常数，反映码头泊位的繁忙程度，该指标综合反映了码头作业效率和到港船舶数量之间的关系；平均排队船舶数量反映了港口待泊的船舶数量；平均排队时间反映船舶待泊等待时间，与锚地资源承载力相关，平均排队船舶数量和平均排队时间直接影响锚地资源的承载力。

D. 基于港区码头泊位服务强度的锚地综合承载力模型

基于港区码头泊位承载力的锚地综合承载力模型由航道资源承载力、锚地资源承载力以及港区码头泊位承载力的“短板”决定。

将航道承载力指数和港区码头承载力指数对比，两者压力指标都为年货物吞吐量。年货物吞吐量越大，航道越拥挤，港区码头泊位越繁忙。因此，当年货物吞吐量相同的情况下，若航道资源承载力指数先达到预警值，则相对于港区码头泊位承载力指数，航道资源是承载力的“短板”。若港区码头泊位服务强度指数先达到 1，则相对于航道资源，港区码头泊位资源是承载力的“短板”。

将锚地资源承载力指数和港区码头泊位承载力指数（用港区码头泊位服务强度 ρ 表

示）对比，两者压力指标都为年货物吞吐量。当锚地资源尚未出现预警，而港区码头泊位承载力指数大于 1，则港区码头泊位资源是制约港区发展的瓶颈因素。当港区码头泊位资源承载力指数小于 1，而锚地资源承载力指数出现预警时，则锚地资源是制约港区发展的瓶颈因素。

排队等待船舶的锚地需求面积 A_a 为

$$A_a = MSW \tag{2.13}$$

式中，S 为锚泊的 1 艘船舶所占用的锚地面积，m^2。

由以上分析得

$$I_q = A_{q,j} / A_j = M_j W_j S_j / LA_{1,j} \tag{2.14}$$

$$I_q = \min\left\{I_j, I_{q,j}\right\} \tag{2.15}$$

式中，$I_{q,j}$ 为第 j 种水深锚地排队等待船舶的承载力指数；$A_{q,j}$ 为在第 j 种水深锚地排队等待船舶的需求面积，m^2；M_j 为在第 j 种水深锚地待泊的平均排队船舶数量，艘；W_j 为在第 j 种水深锚地锚泊的船舶在港平均排队时间，天；I 为基于港区码头泊位港口交通资源综合承载力指数。

E. 港区交通资源承载力预警分级标准

根据相关文献中有关港区交通资源承载力预警分级思想（郑士源，2012），咨询相关专家，确定港区航道资源、锚地资源与港区码头泊位资源的承载力预警分级标准。依据航道资源、锚地资源、港区码头泊位资源承载力指数的大小，建立红色、黄色、蓝色、绿色 4 种级别的承载力预警标准。

当 $\rho \geqslant 1$，港区码头泊位服务能力不足，形成无限排队现象，为红色警报。

当 $\rho < 1$，则说明港区码头泊位的服务强度可满足需求，则按照式（2.13）~式（2.15）计算得到 I，并按照表 2.1 和表 2.2 中航道资源的承载力和锚地资源的承载力指标分级标准进行预警。综合考虑 ρ 和 I，可得到基于港区码头泊位服务强度的锚地综合承载力预警标准（表 2.3）。

表 2.1　港区航道资源承载力预警标准

指数范围	等级	承载状态	状态描述
$I_h \leqslant 0.600$	绿色	弱载	航道通行畅通，服务水平很高
$0.600 < I_h \leqslant 0.800$	蓝色	适载	航道忙碌，但通行畅通，服务水平较高
$0.800 < I_h \leqslant 0.900$	黄色	高载	航道交通繁忙，出现船舶等待进港现象，服务水平较差
$I_h > 0.900$	红色	超载	航道严重拥堵，造成船舶等待时间长，服务水平极差

表 2.2　锚地资源承载力预警标准

指数范围	等级	承载状态	状态描述
$I_m \leqslant 0.750$	绿色	弱载	锚地面积完全满足船舶的锚泊要求，锚地富余面积大
$0.750 < I_m \leqslant 0.850$	蓝色	适载	锚地面积满足锚泊船舶的需求，有一定的锚泊富余面积
$0.850 < I_m \leqslant 0.950$	黄色	高载	锚地锚泊船舶密度大，出现拥挤现象
$I_m > 0.950$	红色	超载	锚泊船舶严重拥挤，出现船舶无处锚泊现象

表 2.3 基于港区码头泊位服务强度的锚地综合承载力预警标准

指数范围	等级	承载状态	状态描述
ρ<1.000 且 $I_m \leqslant 0.750$	绿色	弱载	排队等待船舶数量很少，锚地面积完全满足船舶的锚泊要求，锚地富余面积大
ρ<1.000 且 $0.750< I_m \leqslant 0.850$	蓝色	适载	排队等待船舶很少，锚地面积满足锚泊船舶的需求，有一定的锚泊富余面积
ρ<1.000 且 $0.850< I_m \leqslant 0.950$	黄色	高载	锚地锚泊船舶密度大，出现拥挤现象
$\rho \geqslant 1.000$ 或 $I_m >0.950$	红色	超载	产生无限排队现象或排队等待船舶数量较大，出现锚地面积不足与船舶无处锚泊现象

3）旅游资源供给能力

旅游景区游客数量的增加会使旅游地的生态环境带来污染和破坏，究其原因在于过多的游客涌入景区，超出了景区的资源空间承载力。这个旅游资源空间承载力也就是旅游资源的供给能力。2015 年 1 月 10 日，国家旅游局下发《景区最大承载量核定导则》（中华人民共和国行业标准 LB/T034—2014）其中指出：景区最大承载量，是指在一定时间条件下，在保障景区内每个景点旅游者人身安全和旅游资源环境安全的前提下，景区能够容纳的最大的旅游者数量。

《景区最大承载量核定导则》同时给出了景区最大承载量明确的概念、测算方法和公式。当旅游者在景区有效开放时间内相对匀速进出，且旅游者平均游览时间是一个相对稳定的值时，日最大承载量 C 由以下公式确定：

$$C = \frac{r}{t} \times (t_2 - t_0) = \frac{r}{t_1 - t_0} \times (t_2 - t_0) \tag{2.16}$$

式中，r 为景区高峰时刻旅游者人数；t 为每位旅游者在景区的平均游览时间；t_0 为景区开门时刻（即景区开始售票时刻）；t_1 为景区高峰时刻；t_2 为景区停止售票时刻。

2. 涉及多种资源的岛群资源供给能力综合评估方法

涉及多种资源的岛群资源供给能力的综合评估方法包括构建指标体系、权重确定、评价标准确定以及计算评价结果。

1）指标体系的建立

构建岛群资源供给能力的评价指标体系需要充分考虑岛群资源的需求因素，结合岛群系统的特点，采用理论分析和专家咨询等方法得到。以下给出包括岛群资源质量和数量、空间组合和配置、自然风险等 3 类因素，12 个评价指标的岛群资源供给能力的原则性评价指标体系（表 2.4）。在对具体的岛群示范区进行评价时，需结合岛群的社会需求和具体特点选择资源指标。

2）权重确定

权重确定可采用主观赋权法和客观赋权法。主观赋权法主要是专家根据经验主观判断得到，主要方法包括特尔雯法、层次分析法等。客观赋权法的权重是由各指标在评价

表 2.4　岛群资源供给能力综合评价指标体系

评价因素	评价指标	指标解释
资源质量和数量	海岛面积	岛群内海岛陆地面积总和。面积大，空间资源供给能力强
	适宜开发土地面积	岛群内各岛坡度在 25%以下的土地面积总和。面积大，适宜开发建设的空间资源供给能力强
	淡水资源丰富度	岛群内海水淡化、雨水收集、地下淡水等淡水资源供给总量。淡水丰富，岛群供给能力强
	建港条件	适宜建港的等级
	渔业资源丰富度	采用岛群海域海水养殖产量增长率、收入增长率的综合指数表示。一般海岛地区，渔业是主导产业。综合指数高，区域内渔业资源丰富，供给能力强
	旅游资源丰富度	采用岛群内旅游景区（点）的数量、等级、旅游收入增长率的综合指数表示。海岛旅游是各海岛地区积极发展的产业。综合指数高，区域内旅游资源丰富，供给能力强
	其他资源丰富度	采用岛群内其他资源数量、产值的综合指数表示。综合指数高，资源丰富，开发潜力大，供给能力强
资源空间组合和配置	资源组合程度	采用资源组合指数来衡量区域内各种资源组合和协调状况。资源组合指数越大，区域内格雷资源组合状况越差，供给能力越弱
	离岸最短距离	岛群距离大陆的最短距离。距离大陆近，交通运输的成本低，与邻近陆域经济发展结合紧密，资源开发的可能性大，供给能力强
	近岸大陆交通便利度	采用岛群邻近大陆公路、铁路、水路、航空等交通的综合指数表示。综合指数高，说明邻近大陆的交通便利。资源开发的可能性大，供给能力强
自然风险	海洋灾害损失度	采用岛群区域近十年年平均风暴潮次数表示。风暴潮登陆海岛的次数多，资源开发风险大，供给能力弱
	周边海域污染程度	采用周边海域环境质量及其分布面积的综合指数表示。污染指数高，资源开发风险大，供给能力弱

单位中的实际数据形成的，不依赖于人的主观判断，主要方法包括主成分分析法、聚类分析法、离差最大化法和均方差权重法等。对于岛群资源供给能力评价，可根据数据来源，选择适宜的方法确定权重。

3）评价标准确定

资源供给能力评价指标可以采用李克特五级量表法进行。效益型指标评价值为 100、80、60、40、20，分别表示评价指标很好、好、一般、不好、很不好，当指标等级介于两相邻等级之间时，相应评分为 90、70、50、30、10；成本型指标评价值为 20、40、60、80、100，分别表示评价指标很好、好、一般、不好、很不好，当指标等级介于两相邻等级之间时，相应评分为 30、50、70、90。

对于指标具体属于哪一等级，可采用两种方法判断。一是专家经验判断法。通过多位专家依据判断指标的具体数据和资料出具的意见，综合判断指标的等级。这种方法的主观性较强。二是客观评价法。选取大量岛群作为案例，分别分析各岛群的评价指标情况。不同岛群的统一指标进行横向对比判断，分析不同等级的判断标准，从而确定评价对象该指标的等级。这种方法客观性较强，需要大量案例的基础数据作为支撑。

4）计算评价结果

依据各评价因素、评价指标的权重以及各评价指标的评分，通过综合加权计算综合分值。综合加权计算的分值，作为供给能力评价判断的标准。分值越高，资源供给能力越强。参考林志兰等的研究方法（林志兰，2012），综合指数分值≥80 分，资源供给能力强；50 分≤综合指数分值＜80 分，资源供给能力中等；综合指数分值＜50 分，资源供给能力弱。

2.2 生态支持能力评估

岛群生态支持能力的评价具体包括生物多样性、生态健康状态以及生态系统服务功能评价。

2.2.1 岛群生态支持能力的内涵

岛群生态支持能力是指生态系统中用以协调岛群与自然的相互关系，维持和推动整个生态系统的稳定和平衡，为岛群提供生态调控和支持的能力。岛群生态支持能力包括生物多样性、生态健康状态以及生态系统服务功能。

生物多样性是指由海洋生态系统产生并维持的遗传多样性、物种多样性与系统多样性，它们既是生态系统的一部分，也是产生其他生态系统服务的基础。生物多样性对于维持生态系统的结构稳定与服务的可持续供应具有重要意义，可以通过生物多样性指数来衡量此项服务。

生态健康是指生态系统保持其自然属性，维持生物多样性和关键生态过程稳定并发挥其服务功能的能力（《近海生态健康评价指南》（HY/T 087—2005）》，2015）。岛群生态健康评价模型需要基于《近岸海洋生态健康评价指南》（HY/T 087—2005）建立。

生态系统服务功能价值。生态系统功能和服务的多面性决定了生态系统服务的多价值性，对生态系统服务进行价值评估是将其纳入社会经济体系与市场化的必要条件，也是环境与生态系统保护引起社会重视的重要措施。

2.2.2 生物多样性评价方法

生物多样性评价采用指标评价法。生物多样性指数是用简单的数值表示生物群落内种类多样性的程度，用来判断群落或生态系统的稳定性指标。在清洁或良好环境中，生物种类多样，数量较少；在环境恶化或污染条件下，敏感种类消失，耐污种类发展，种类单纯，但数量可能很大。多样性指数可用来表示环境质量的变化，其优点是对物种名称鉴定要求不严格，应用比较方便（表 2.5）。

表 2.5 生物多样性指数评价模型

评价项	海洋生物多样性指数评价					
	浮游植物	浮游动物	底栖生物	潮间带生物	大型浮游动物	小型浮游动物
权重	0.25	0.25	0.25	0.25	0.125	0.125

多样性指数（H'）的计算采用 Shannon-Wiener 公式：

$$H' = -\sum_{i=1}^{S} P_i \times \log_2 D \tag{2.17}$$

均匀性指数（E）采用 pielou 公式：

$$E = H' / \log_2 S \tag{2.18}$$

Marg alef 生物丰富度指数（d）：

$$d = (S-1) / \log_2 M \tag{2.19}$$

式中，H' 为海洋生物物种多样性指数；P_i 为第 i 种的细胞个数与总细胞数的比值；D 为物种丰富度指数；S 为生物种数；M 为所有物种的个体之和。

海洋生物物种多样性指数可用于评估海域的污染状况。当海水或沉积物处于清洁状态时，通常海洋生物种类多样，但由于竞争，各种生物不仅以有限的数量存在，且相互制约而维持着生态平衡，多样性指数大，物种丰富度大。因此可以采用生物多样性指数对生态系统进行评价。具体可用陈清潮等（1994）提出的生物多样性阈值评价标准，进行海洋生物多样性分级评价（表 2.6）。

表 2.6　生物多样性指数评价等级与评分

评价等级	多样性指数阈值	等级描述	评价分值
I	<0.6	差	5
II	0.6~1.5	一般	4
III	1.5~2.5	较好	3
Ⅳ	2.5~3.5	丰富	2
V	>3.5	非常丰富	1

2.2.3　生态健康状态评价方法

生态健康是指生态系统保持其自然属性，维持生物多样性和关键生态过程稳定并持续发挥其服务功能的能力。岛群生态健康评价方法参照国家海洋局发布的《近岸海洋生态健康评价指南》中对河口及海湾生态系统健康状况的评价方法建立。河口及海湾生态系统健康状况评价包括五类指标，各类指标权重、要求与赋值见表 2.7。

1. 水环境

水环境每项评价指标的赋值按式（2.20）计算：

$$W_q = \frac{1}{n}\sum_{i=1}^{n} W_i \tag{2.20}$$

式中，W_q 为第 q 项评价指标赋值；W_i 为第 i 个站位第 q 项评价指标赋值；n 为区域监测站位总数。

表 2.7 岛群海域生态健康指数评价指标体系

目标层	准则层	准则层权重	指标层	指标层要求与赋值		
				I	II	III
生态健康评价	水环境	15%	溶解氧	≥6	≥5~＜6	＜5
			pH	＞7.5~≤8.5	＞7.0~≤7.5 或＞8.5~≤9.0	≤7.0 或＞9.0
			活性磷酸盐	≤15	＞15~≤30	＞30
			无机氮	≤200	＞200~≤300	＞300
			石油类	≤50	＞50~≤300	＞300
			赋值	15%	10%	5%
	沉积环境	10%	有机碳含量	≤2.0%	＞2.0%~≤3.0%	＞3.0%
			硫化物含量	300	＞300~≤500	＞500
			赋值	10%	5%	1%
	生物残毒	10%	Hg	≤0.05	＞0.05~≤0.10	＞0.10
			Cd	≤0.2	＞0.2~≤2.0	＞2.0
			Pb	≤0.1	＞0.1~≤2.0	＞2.0
			As	≤1.0	＞1.0~≤5.0	＞5.0
			油类	≤15	＞15~≤50	＞50
			赋值	15%	10%	5%
	栖息地	15%	5 年内滨海湿地生境减少	≤5	＞5~≤10	＞10
			沉积物主要组分含量年度变化	≤2	＞2≤5	＞5
			赋值	15%	10%	5%
	生物	50%	浮游植物密度	＞50%*A*~≤150%*A*	＞10%*A*~≤50%*A* 或＞150%*A*~≤200%*A*	≤10%*A* 或＞200%*A*
			浮游动物密度	＞75%*B*~≤125%*B*	＞50%*B*~≤75%*B* 或＞125%*B*~≤150%*B*	≤50%*B* 或＞150%*B*
			浮游动物生物量	＞75%*C*~≤125%*C*	＞50%*C*~≤75%*C* 或＞125%*C*~≤150%*C*	≤50%*C* 或＞150%*C*
			鱼卵及仔鱼密度	＞50	＞5~≤50	≤5
			底栖动物密度	＞75%*D*~≤125%*D*	＞50%*D*~≤75%*D* 或＞125%*D*~≤150%*D*	≤50%*D* 或＞150%*D*
			底栖动物生物量	＞75%*E*~≤125%*E*	＞50%*E*~≤75%*E* 或＞125%*E*~≤150%*E*	≤50%*E* 或＞150%*E*
				50	30	10

注：区域的 *A*、*B*、*C*、*D*、*E* 的依据见表 2.8。

水环境健康指数按式（2.21）计算：

$$W_{\text{indx}} = \frac{1}{m}\sum_{q=1}^{m} W_q \tag{2.21}$$

式中，W_{indx} 为水环境健康指数；W_q 为第 q 项评价指标赋值；m 为评价区域评价指标总数。

表 2.8　岛群近岸主要区域浮游生物及大型底栖生物年均评估依据

监控区		A/万（个/m^3）	B/万（个/m^3）	C/（mg/m^3）	D/（个/m^2）	E/（g/m^2）
渤海湾	5 月	30	1	400	150	25
	8 月	10	0.6	300	100	30
杭州湾	5 月	60	1	100	40	0.3
	8 月	40	0.8	150	20	0.8
闽东	5 月	60	6	200.0	300	25.0
	8 月	10	0.2	100.0	150	25.0

注：A 为浮游植物密度，采用浅水III型浮游生物网垂直拖网采样的密度；B 为浮游动物密度，采用浅水 II 型浮游生物网垂直拖网采样的密度；C 为浮游动物生物量，采用浅水 I 型浮游生物网垂直拖网采样，除去水母类等胶质生物后的生物量；D 为大型底栖动物密度；E 为大型底栖动物生物量。

当 $5 \leqslant W_{\text{indx}} \leqslant 8$ 时，水环境为不健康；当 $8 \leqslant W_{\text{indx}} \leqslant 11$ 时，水环境为亚健康；当 $11 \leqslant W_{\text{indx}} \leqslant 15$ 时，水环境为健康。

2. 沉积环境

沉积环境各项评价指标赋值按式（2.22）计算：

$$S_q = \frac{1}{n}\sum_{i=1}^{n} S_i \tag{2.22}$$

式中，S_q 为沉积环境中第 q 项评价指标赋值；S_i 为沉积环境中第 i 个站位第 q 项评价指标赋值；n 为评价区域监测站位总数。

沉积环境健康指数计算按式（2.23）计算：

$$S_{\text{indx}} = \frac{1}{q}\sum_{i=1}^{q} S_i \tag{2.23}$$

式中，S_{indx} 为沉积环境健康指数；S_i 为第 i 项评价指标赋值；q 为评价指标总数。

当 $1 \leqslant S_{\text{indx}} < 3$ 时，沉积环境为不健康状态；当 $3 \leqslant S_{\text{indx}} < 7$ 时，沉积环境为亚健康状态；当 $7 \leqslant S_{\text{indx}} < 10$ 时，沉积环境为健康状态。

3. 生物残毒

每个生物样品生物残毒的赋值按式（2.24）计算：

$$\text{BR}_q = \frac{1}{n}\sum_{i=1}^{n} \text{BR}_i \tag{2.24}$$

式中，BR_q 第 q 份样品赋值；BR_i 为第 i 项评价指标赋值；n 为评价的污染物指标总数。

生物残毒指数按式（2.25）计算：

$$\text{BR}_{\text{indx}} = \frac{1}{m}\sum_{q=1}^{m} \text{BR}_q \tag{2.25}$$

式中，BR_{indx} 为生物残毒指数；BR_q 为评价区域第 q 份样品赋值；m 为评价区域监测生物样品总数。

当 5≤ BR_{indx} <8 时，环境受到污染；当 8≤ BR_{indx} <11 时，环境受到轻微污染；当 11≤ BR_{indx} <15 时，环境未收到污染。

4. 栖息地

滨海湿地分布面积减少赋值按式（2.26）计算：

$$SA = \frac{SA_{-5} - SA_0}{SA_{-5}} \times 100\% \tag{2.26}$$

式中，SA 为分布面积减少赋值；SA_{-5} 为前 5 年的分布面积；SA_0 为评价时的分布面积。

沉积物主要组分含量年度变化赋值按式（2.27）计算：

$$SG = \frac{1}{n}\sum_{i=1}^{n} SG_i \tag{2.27}$$

式中，SG 为评价区域沉积物主要组分含量年度变化赋值；SG_i 为第 i 个站位沉积物主要组分含量年度变化赋值；n 为评价区域监测站位总数。

栖息地健康指数按式（2.28）计算：

$$E_{indx} = \frac{1}{q}\sum_{i=1}^{q} E_i \tag{2.28}$$

式中，E_{indx} 为栖息地健康指数；E_i 为第 q 项栖息地评价指标赋值；q 为栖息地评价指标总数。

当 5≤ E_{indx} <10 时，栖息地为不健康；当 10≤ E_{indx} <15 时，栖息地为亚健康；当 15≤ E_{indx} <20 时，栖息地为健康。

5. 生物

生物各项指标平均值按式（2.29）计算：

$$\bar{D} = \frac{1}{n}\sum_{i=1}^{n} D_i \tag{2.29}$$

式中，$\bar{D}$ 为评价区域平均值；D_i 为第 i 个站位测值；n 为评价区域监测站位总数。根据 $\bar{D}$ 值及赋值要求对相应指标进行赋值。

生物健康指数按式（2.30）计算：

$$B_{indx} = \frac{1}{q}\sum_{i=1}^{q} B_i \tag{2.30}$$

式中，B_{indx} 为生物健康状态指数；B_i 为第 i 个生物评价指标赋值；q 为生物评价指标总数。

当 10≤ B_{indx} <20 时，生物处于不健康状态；当 20≤ B_{indx} <35 时，生物处于亚健康状态；当 35≤ B_{indx} <50 时，生物处于健康状态。

6. 生态健康指数

生态健康指数按式（2.31）计算：

$$CEH_{indx} = \sum_{i=1}^{p} INDX_i \tag{2.31}$$

式中，CEH_{indx} 为生态健康指数；$INDX_i$ 为第 i 类指标健康指数；p 为评价指标类群数。依据 CEH_{indx} 评价生态系统健康状况：当 $CEH_{indx} \geqslant 75$ 时，生态系统处于健康状态；当 $50 \leqslant CEH_{indx} \leqslant 75$ 时，生态系统处于亚健康状态；当 $CEH_{indx} < 50$ 时，生态系统处于不健康状态。

2.2.4 生态系统服务功能评价方法

岛群生态系统服务功能是指岛群生态系统与生态过程所形成的维持人类赖以生存的自然环境条件与效用，是指通过岛群生态系统服务功能直接或间接产生的产品和服务。

1. 岛群生态系统的特征和生态系统的分类

由于岛群海陆双重的特性，因此，其岛陆生态系统、潮间带生态系统和海域生态系统的生态服务功能在内容上有所区别，其评价方法也有所不同（表 2.9）。

表 2.9　岛群生态系统服务功能识别及评估方法

生态系统服务功能		岛群生态系统			评价方法
		岛陆生态系统	潮间带生态系统	海域生态系统	
供给功能	食品生产	★	★	★	市场价值法
	原材料	★	★	★	
	医药资源	★	★	★	
调节功能	气候调节	★	★	★	替代市场法
	气体调节	★	★	★	
	涵养水源	★			
	干扰调节	★	★		
	生物控制	★	★	★	
	空气净化	★			
	水质净化	★	★	★	
支持功能	初级生产	★	★	★	
	土壤保持	★			
	养分循环	★	★	★	
	生物多样性	★	★	★	假想市场法
文化服务功能	休闲娱乐	★	★	★	替代市场法或假想市场法
	科研教育	★	★	★	

注：★表示该生态系统功能较为显著，其中岛陆生态系统具有 16 项生态功能，而潮间带生态系统具有 13 项生态功能，近海海域生态系统则具有 12 项生态功能。

2. 岛群生态系统服务功能分类及评价方法

依据岛群生态系统特性及岛群生态系统分类，可将岛群区域各类生态系统的主要服务功能确定为：食品生产、原材料提供、大气调节、水源涵养、土壤保育、生物多样性、休闲娱乐等功能。

1）供给功能

供给功能是指岛群生态系统生产或提供产品的服务。包括以下几个方面。

（1）食品生产。食品生产功能是指岛群区域陆地和海域生态系统为人类提供农产品和海产品的功能。对于食品生产的价值可采用市场价格法计算。计算公式为

$$\mathrm{OF}=\sum B_iP_i+\sum \gamma_iQ_i \tag{2.32}$$

式中，OF 为岛群生态系统为人类提供食品的价值；B_i 为第 i 类捕捞海产品的数量，P_i 为第 i 类海产品的市场价格；γ_i 为人类养殖的第 i 类海产品的数量；Q_i 为养殖的第 i 类海产品的市场价格。一般情况下，或者可直接采用海洋捕捞产品和海洋养殖产品的产值作为食品生产功能价值。

（2）氧气生产和气候调节。氧气生产是指海洋植物通过光合过程生产的氧气进入大气中，供人类使用。气候调节是通过调节空气温度、湿度、生产、吸收温室气体（CO_2）等来调节气候。氧气生产和气候调节功能价值采用影子工程法计算。根据光合作用方程式，即：

$$6n\mathrm{CO_2}+6n\mathrm{H_2O}\longrightarrow n\mathrm{C_6H_{12}O_2}+6n\mathrm{O_2}\longrightarrow n\mathrm{C_6H_{10}O_5} \tag{2.33}$$

264　　　　　180　　192　　　162

由此，可推算出每形成 1 g 干物质，需要 1.639 g CO_2，释放 1.199 O_2。这样，氧气生产和气候调节功能价值评估模型为

$$P_\mathrm{c}=(1.63C_1+1.19C_2)X_\mathrm{c}S \tag{2.34}$$

式中，P_c 为气候调节功能价值；X_c 为单位面积浮游植物每年干物质的产量；C_1、C_2 分别为固定碳的成本及释放 O_2 的成本；S 为评价海域的面积。

目前国际上通用的碳税率通常为 150USD/t（按 1 美元=6.2 元人民币计，固定 CO_2 的成本为 930 元/t），我国造林成本为 250 元/t，取平均值 590 元/t 作为固定 CO_2 的成本。根据李志勇等（2012）的研究，制造 O_2 的成本是 370 元/t。

2）调节功能

调节功能是指调节人类生态环境的生态系统服务功能。

（1）涵养水源。涵养水源价值的评估采用影子工程价格法，水的影子价格法一般有 6 种：根据水库的蓄水成本确定；根据供应水的价格确定；根据电能生产成本确定；根据级差地租确定；根据区域水源运费确定；根据海水淡化费确定。这里根据供应水的价格确定水的影子价格。计算公式如下：

$$V_\mathrm{w}=\sum P_i\times(R-E)\times A_i=\sum P\times\theta\times R\times A_i \tag{2.35}$$

式中，V_w 为水源涵养的经济价值，元；P 为水的影子价格（由水库的蓄水成本确定）；R 为年平均降水量，mm/a；E 为年平均蒸散量，mm/a；θ 为径流系数；A_i 为研究区域内第 i 类土地利用类型面积，hm^2。绿地生态系统的径流系数取绿化径流系数 0.25，农田生态系统的径流系数取 0.44，淡水湿地和滩涂湿地的径流系数取 0.7（卢士强等，2006）。目前全国水库建设投资测算的每建设 $1m^3$ 库容需投入的成本费为 1.23 元（饶良露和朱金兆，2003）。

（2）干扰调节。干扰调节是指岛群生态系统中的滩涂、红树林和珊瑚礁所能起到的减轻风暴、海浪对海岸、堤坝、工程设施的破坏的功能。根据 Costanza 等（1997）研究，滩涂生态系统的单位干扰调节价值为 15 263.7 元/hm^2，森林的单位干扰调节价值为 41.5 元/hm^2。

（3）生物控制。生物控制是指海域海洋生物抑制有毒有害物质对人类的影响。例如，在近海富营养化海区，浮游动物和养殖贝类起到抑制赤潮生物的作业，减少对人体健康的损害。对于生物控制功能价值可采用参照法，即用相似区域的已有研究成果来估算。

根据 Costanza 等（1997）的研究成果显示，单位面积海岸带生物控制功能价值为 38 美元/（hm^2·a），2002 年 De Groot 提出全球生态系统生物控制服务的单位价值为 2~78 美元/（hm^2·a），中值为 40 美元/（hm^2·a），取两者的平均值 39 美元/（hm^2·a），即 0.0312 元/（m^2·a）作为单位面积海域所提供的生物控制服务的价值。

水质净化。绿地生态系统净化水质功能价值评估采用替代工程法，以森林生态系统的相关参数进行计算。计算公式如下：

$$E_c = M \times K = R \times \theta \times A \times K \qquad (2.36)$$

式中，E_c 为净化水质价值，元/a；M 为拦截降水量，mm；R 为年均降水量，mm/a；θ 为径流系数；K 为单位体积水的净化费，元/t。可假设降水量平均分布。

滩涂的生态系统净化水质的价值取 25 660 元/（hm^2·a）（吴玲玲等，2003）。

3）文化服务功能

文化功能是指人们通过精神感受、知识获取、主观印象、消遣娱乐和美学体验从生态系统中获得的非物质利益。

休闲娱乐。休闲娱乐是指海岛提供人们游玩、观光、游泳、垂钓、潜水等方面的功能。对于其中的旅游价值部分，可采用旅行费用法进行评价，其价值包括旅游费用、旅游时间价值和其他花费。海岛为当地人们提供的休闲娱乐功能，可采用条件价值法（支付意愿）估算其价值。

科研价值。科研价值是指海岛提供的科研场所和材料的功能。科研价值可采用成果参照法或替代法。成果参照法，可参考陈仲新和张清时等（2000）对我国生态效益价值的估算，我国单位面积生态系统的平均科研价值为 35 500 元/（hm^2·a）。

4）支持功能

支持功能是指保证上述生态系统服务功能所必需的基础功能。

（1）初级生产。初级生产功能价值评估可根据海域初级生产力与软体动物的转化关系、软体动物与贝类产品质量关系及贝类产品在市场上的销售价格、销售利率等建立评估模型（李晓炜，2006）：

$$P_{\mathrm{v}} = \frac{P_0 E}{\delta} = \sigma P_{\mathrm{s}} \rho S \tag{2.37}$$

式中，P_{v} 为物质生产功能价值；P_0 为单位面积海域的初级生产力（以碳计）；E 为转化效率，即初级生产力转化为软体动物的效率；δ 为贝类产品混合含碳率；σ 为贝类重量与软体组织重量的比；P_{s} 为贝类产品平均市场价格；ρ 为贝类产品销售利润率；S 为可收获面积。

根据 Tait（1981）①对沿岸海域生态系统的能流分析的估算方法（沿岸海域能流分析法），沿岸海域的能量约 10%转化为软体动物。根据卢振彬等（1999）的研究表明，软体动物混合含碳率为 8.33%，各类软体组织与其外壳的平均质量比为 1∶5.52。按现状贝壳含壳重的市场价格平均 10 元/kg 计算，销售利润率为 25%。由此，可得到海域平均初级生产力约为 112g/（$\mathrm{hm}^2 \cdot \mathrm{a}$）。

（2）养分循环。养分循环功能价值可采用替代市场法估算，即用处理含氮、磷等营养盐的污水的成本代替。具体做法是，首先确定大陆径流入海所含营养物质中的氮、磷量，然后将其折合成化肥数量，再根据化肥的市场价格计算即可得到营养物质循环的效益。

生物多样性维持。海域不仅生活着丰富的生物种群，还为其提供重要的产卵场、越冬场和避难所等庇护场所。例如，珊瑚礁、红树林就维持着很高的生物多样性。生物多样性维持功能价值可采用成果参照法估算。根据狄乾斌等（2004）的研究成果，海域物种多样性维持功能价值 0.47 元/（$\mathrm{m}^2 \cdot \mathrm{a}$）。

3. 岛群生态系统服务功能价值总体评价

在以上建立的各项生态系统服务功能价值评估的模型基础上，岛群生态系统服务功能总价值就是各项生态系统服务功能价值的总和。计算模型为

$$P = \sum_{i=1}^{n} \frac{P_i}{\gamma} \tag{2.38}$$

式中，P_i 为第 i 种生态系统服务功能价值；$i\,(=1，2，\cdots，n)$为各项生态服务系统功能；γ 为贴现率。

2.3　海域环境质量评估

岛群海域环境质量评价方法可依据《海水水质标准》（GB3096—1997）、《海洋沉积物质量》（GB18668—2002）、《海洋生物质量》（GB18421—2001）等文件建立。

① 转引自：沈国荣，施秉章. 1990. 海洋生态学. 厦门大学出版社：186-195.

2.3.1　海水水质现状调查与评价方法

海水水质现状调查与评价包括确定监测项目、确定采样分析方法、选择评价方法以及选择评价标准。

1. 确定监测项目

岛群综合承载力评价中海水水质现状监测项目包括悬浮物、COD、无机氮、pH、活性磷酸盐、硅酸盐、溶解氧、石油类、铜、镉、铅、锌。

2. 采样及分析方法

现场调查中海水水质样品的采集、保存、分析和评价按照《海洋监测规范》（GB17378—2007）和《海洋调查规范》（GB12763—2007）的要求。

3. 评价方法的选择

水质评价采用《环境影响评价技术导则 地面水环境》（HJ/T 2.3—93）中推荐的标准指数法，标准指数计算公式如下：

$$S_{i,j}=\frac{C_{i,j}}{C_{s,j}} \tag{2.39}$$

式中，$S_{i,j}$ 为标准指数；$C_{i,j}$ 为评价因子 I 在 j 点的实测浓度，mg/L；$C_{s,j}$ 为评价因子 I 在 j 点的标准浓度，mg/L。

对于无机氮、活性磷酸盐、硅酸盐、石油类、铜、镉、铅、锌等可采用式（2.39）进行评价。而溶解氧、pH 的评价有其特殊性，因此，其评价方法需专门阐述如下。

（1）溶解氧（DO）标准指数的计算公式

当 $DO_j \geqslant DO_s$ 时

$$S_{DO_j}=\frac{\left|DO_f-DO_j\right|}{DO_f-DO_s} \tag{2.40}$$

当 $DO_j < DO_s$ 时

$$S_{DO_j}=10-9\frac{DO_j}{DO_s} \tag{2.41}$$

式中，S_{DO_j} 为 DO 的标准指数；DO_f 为某水温、气压条件下的饱和溶解氧浓度，mg/L，计算公式采用：$DO_f=\frac{468}{31.6+T}$，T 为水温，℃；DO_s 为溶解氧的评价标准限值，mg/L，℃；

（2）pH 标准指数的计算公式

当 $pH_j \leqslant 7.0$ 时，

$$S_{pH_j}=\frac{7.0-pH_j}{7.0-pH_{sd}} \tag{2.42}$$

当$pH_j > 7.0$时，

$$S_{pH_j}=\frac{pH_j-7.0}{pH_{su}-7.0} \tag{2.43}$$

式中，S_{pH_j}为pH的标准指数；pH_j为pH实测统计代表值；pH_{sd}为评价标准中pH的下限值；pH_{su}为评价标准中pH的上限值；

pH的标准指数为：pH有其特殊性，它的标准值为7.8~8.5，因此取上下限的平均值8.15，计算式为

$$pH_i=\frac{\left|C_i-8.15\right|}{C_{max}-8.15} \tag{2.44}$$

式中，pH_i为pH的标准指数；C_{max}为pH的标准上限值；C_i为pH的实测值。

4. 评价标准的确定

根据岛群海域的功能区划、功能定位以及《海水水质标准》，确定岛群区域拟执行的环境质量标准，具体的海水水质标准见表2.10。

表2.10 海水水质标准

评价因子	海水水质标准/（mg/L）	
	第二类	第三类
pH	7.8~8.5	6.8~8.8
COD_{Mn}	≤3	≤4
DO	>5	>4
无机氮	≤0.30	≤0. 40
活性磷酸盐	≤0.03	≤0.03
石油类	≤0.05	≤0.3
硫化物	≤0.05	≤0.1
挥发酚	≤0.005	≤0.01
汞	≤0.0002	≤0.0002
镉	≤0.005	≤0.01
铜	≤0.01	≤0.05
镍	≤0.01	≤0.02
锌	≤0.05	≤0.1
铅	≤0.005	≤0.01

2.3.2 沉积物环境质量调查与评价方法

沉积物环境质量调查与评价包括确定监测项目、确定采样分析方法、选择评价方法以及选择评价标准。

1. 监测项目

沉积物现状调查项目有石油类、硫化物、汞、锌、铜、镉、砷和铅，共计 8 项。

2. 采样及分析方法

现场调查中水质样品的采集、保存、分析和评价按照《海洋监测规范》（GB17378—2007）、《海洋调查规范》（GB12763—2007）执行。

3. 评价方法

水质评价采用《环境影响评价技术导则》中推荐的标准指数法，标准指数计算公式如下：

$$S_{ij} = \frac{C_{ij}}{C_{sj}} \tag{2.45}$$

式中，S_{ij} 为标准指数；C_{ij} 为评价因子 i 在 j 点的实测浓度，mg/l；C_{sj} 为评价因子 s 在 j 点的标准浓度，mg/l。

4. 评价标准

评价标准执行《海洋沉积物质量》（GB18668—2002）中第一类标准（表 2.11）。

表 2.11　第一类海洋沉积物质量评价标准　（单位：10^{-6}mg/L）

评价因子	石油类	硫化物	汞	砷	铜	铅	锌	镉
评价标准值≤	500	300	0.2	20	35	60	150	0.5

2.3.3 海洋生物现状调查与评价方法

1. 监测项目

海洋生物现状调查项目包括叶绿素 a、浮游植物、浮游动物、底栖生物、潮间带生物，共计 5 项。

2. 采样及分析方法

现场调查中水质样品的采集、保存、分析和评价按照《海洋监测规范》（GB17378—2007）、《海洋调查规范》（GB12763—2007）执行。

3. 评价方法

根据调查站位的生物密度，分别对浮游生物样品和底栖生物样品的多样性指数、均匀度、丰度、优势度等进行评价分析，计算公式为以下四个。

（1）香农-韦弗（Shannon-Weaver）多样性指数

$$H = -\sum_{i=1}^{s} P_i \log_2 P_i \tag{2.46}$$

式中，H 为种类多样性指数；S 为样品中的种类总数；P_i 为第 i 种的个体数（n_i）与总个体数（N）的比值$\left(\frac{n_i}{N}或\frac{w_i}{W}\right)$。

（2）均匀度（Pielou 指数）

$$J = \frac{H}{H_{\max}} \tag{2.47}$$

式中，J 为表示均匀度；H 为表示实际观察的物种多样性指数；$H_{\max}$ 为表示最大的物种多样性指数。

（3）优势度

$$D = \frac{N_1 + N_2}{N_T} \tag{2.48}$$

式中，D 为优势度；N_1 为样品中第一优势种的个体数；N_2 为样品中第二优势种的个体数；N_T 为样品中总个体数。

（4）丰度（Margalef 计算公式）

$$d = \frac{S-1}{\log_2 N} \tag{2.49}$$

式中，d 为丰度；S 为样品中的种类总数；N 为样品中的生物个体数。

第 3 章　岛群综合承载力评估技术

当岛群区域的社会需求和产业定位多样化，评估承载力需要涉及多种资源因素、生态环境因素，因此开展承载力评价需要综合统筹考虑。这就需要基于系统性、科学性和可操作性的原则，构建包含多种指标的原则性的、指导性的综合评价指标体系。在对岛群区域进行综合承载力评估时，需结合岛群区域的具体特点，对评价指标体系进行修正。

3.1　评价指标体系中指标的遴选

在进行实地调研、多重共线性分析、专家研讨遴选等过程后，根据系统性、科学性和可操作性的原则，确定岛群综合承载力评估指标体系的一级指标和二级指标（表 3.1）。经过专家研讨，对于岛群综合承载力评估结果进行了分级。岛群综合承载力按指标数值分为三级，即可载、临界和超载。当承载力指标值小于 0.8 为可载，0.8~1.0 为临界可载，大于 1.0 为超载。对于超载的情况，根据程度不同分为轻度、中度和重度。岛群综合承载力数值处于 1.0~1.5 为轻度超载，数值处于 1.5~2 为中度超载，数值大于 2.0 为重度超载（表 3.2）。

表 3.1　岛群综合承载力评估指标体系

一级指标	二级指标
资源禀赋	陆地面积
	岸线长度
	浅海面积
	渔业资源
	旅游资源
	深水岸线
	地形条件
生态环境	生物多样性
	生产力
	景观格局
	海水水质
	沉积物环境质量
	海洋生物环境质量
经济指标	人均 GDP
	海洋产业增加值占地区 GDP 比例
	地区生产总值增长率
	第三产业比例

续表

一级指标	二级指标
社会指标	农渔民人均纯收入
	城镇居民可支配收入
	交通便捷性
	距离经济中心的距离
	淡水供应能力
	城镇污水处理率
	岛陆开发现状
	海域开发现状
	岸线开发现状

表 3.2　岛群综合承载力评估标准

承载力指标值	等级划分	承载力指标值范围	承载程度
＜0.8	可载		
0.8~1.0	临界		
>1.0	超载	1.0~1.5	轻度超载
		1.5~2	中度超载
		>2	重度超载

表 3.1 和表 3.2 所建指标体系是一个指导性的、原则性的指标体系。在对金塘岛及附近岛屿和海坛岛及附近岛屿进行综合承载力评价时，参照这一原则性指标体系并结合具体区域的实际情况，构建反映岛群区域本身特色的综合承载力评估指标体系。

3.2　岛群综合承载力评估方法

岛群综合承载力评价的主要技术方法包括自然植被净第一性生产力估测法、资源与需求的差量法、综合评价法、状态空间法、生态足迹法，这部分阐述这些方法的原理，并分析其对岛群综合承载力评估的适用性。

3.2.1　自然植被净第一性生产力模型

净第一性生产力（简称 NPP）指绿色植物在单位时间和单位面积上所能累积的有机干物质，包括植物的枝、叶和根等生产量及植物枯落部分的数量。植物的净第一性生产力反映了植物群落在自然环境条件下的生产能力。植物形成的产量是按其自身的生物学特性与外界环境因子相互作用的结果。植物通过光合作用所产生的干物质中固定的太阳能是地球上生态系统中一切生命成分及其功能的基础。因此，通过自然植被净初级生产力的估算可作为自然生态系统的生态承载力指示值（黄清和任志远，2004）。此方法在国外已有很久的研究历史，1975 年 Lieth 等首先开始对植被净初级生产力的模型进行研究，此外 Uehijuna 和 Seino（1985）也对植被净初级生产力进行了研究，形成一些模型。

根据模型的难易程度，对各种调控因子的侧重及对净初级生产力调控机理解释的不同，模型分为三类：过程模型、光能利用率模型和气候统计模型。我国的净初级生产力研究起步较晚，研究过程中一般采用气候统计模型。周广胜和张新时（1996）提出，植被净第一性生产力基本上取决于照射到植物上的太阳能及其根际层的土壤水分。植物群体的净第一性生产量（NPP）和蒸腾量（E_T）可分别写成：

$$\mathrm{NPP}=\int_0^{T_0}P_N(t)\mathrm{d}t\approx AT_0a_0a_1[\overline{(C_\mathrm{a}-C_\mathrm{t})}/\overline{(r_\mathrm{c}'+r_\mathrm{s,c})}] \tag{3.1}$$

$$E_T=\int_0^{T_0}E_\mathrm{t}(t)\mathrm{d}t\approx AR_0b_0b_1[\overline{(e_\mathrm{L}-e_\mathrm{a})}/\overline{(r_\mathrm{c}+r_\mathrm{s,w})}] \tag{3.2}$$

式中，$b_0=0.622\rho/P$，ρ为空气密度，P为大气压力，hPa；a_1和b_1分别为CO_2和水汽扩散量的日平均对白天平均值的比例系数；$\overline{(r_\mathrm{c}'+r_\mathrm{s,c})}$为$CO_2$向叶面扩散时受到空气和植物群体气孔的平均阻抗，s/m；$\overline{(r_\mathrm{c}+r_\mathrm{s,w})}$为蒸腾的水汽受到空气和气孔的平均阻抗，s/cm；$e_\mathrm{L}$和$e_\mathrm{a}$分别为植物内$Z_0$高度和参考高度$Z_\mathrm{R}$的水汽压；$d=\overline{e_\mathrm{L}-e_\mathrm{a}}$为植物群体内外水汽压差（mmHg，lmmHg=133.322Pa），在缺乏观测数据情况下，可近似地用饱和差的数据代替；$\overline{C_\mathrm{a}-C_\mathrm{t}}$为植物群体上参考高度与群体内$CO_2$平均浓度梯度——平均值。

根据计算得到：

$$\mathrm{NPP}=\mathrm{RDI}\frac{rR_n(r^2+R_n{}^2+rR_n)}{(R_n+r)(R_n{}^2+r^2)}\exp(-\sqrt{9.87+6.25\mathrm{RDI}}) \tag{3.3}$$

由式(3.3)可知，某一地区植物的净第一生产力取决于该地区的净辐射量与降水量。

3.2.2 资源与需求差量法

王中根和夏军（1999）根据环境承载力研究的有关概念和理论，对生态环境承载力的计算方法进行了简化处理，提出了资源与需求差量法。

依据环境承载力的理论，区域生态环境承载力是指在某一时期某种环境状态下，某区域生态环境对人类社会经济活动的支持能力，它是生态环境系统物质组成和结构的综合反映。区域生态环境系统的物质资源以及其特定的抗干扰能力与恢复能力具有一定的限度，即一定组成和结构的生态环境系统对社会经济发展的支持能力有一个“阈值”。这个“阈值”的大小取决于生态环境系统与社会经济系统两方面因素，在不同时间、不同区间、不同生态环境、 不同社会经济状况下，“阈值”的取值是不同的。

区域生态环境承载力体现了一定时期、一定区间的生态环境系统，对区域社会经济发展和人类各种需求（生存需求、发展需求和享乐需求）在量（各种资源量）与质（生态环境质量）方面的满足程度。因此，衡量区域生态环境承载力应从该地区现有的各种资源量（P_i）与当前发展模式下社会经济对各种资源的需求量（Q_i）之间的差量关系（如$(P_i-Q_i)/Q_i$），以及该地区现有的生态环境质量（$CBQI_i$）与当前人们所需求的生态环境质量（$\overline{CBQI_i}$）之间的差量关系（如$(CBQI_i-\overline{CBQI_i})/\overline{CBQI_i}$）入手。

区域生态环境承载力分析首先必须建立一套完整的指标体系。区域生态环境承载力的大小取决于生态环境系统与社会经济系统两方面因素。在不同时间、不同区间、不同生态环境、不同社会经济状况下其取值是不同的。因此，区域生态环境承载力评价指标因子应分为两大类：一类是社会经济系统类，反映的是社会经济发展程度；另一类是生态环境系统类，反映的是生态环境质与量的状况。

3.2.3 综合评价法

高吉喜（2001）探索了生态可持续发展的承载机制，提出了生态系统，资源和环境子系统的容量宽容和一定标准的生活的人口作为一个标准的三个层次的生态承载能力的弹力，并从理论上进行了系统的分析，提出了生态环境承载能力评价方法。

综合评价法认为承载力是承载媒体对承载对象的支持能力。若确定一个特定生态系统承载情况，需首先确定承载媒体的客观承载能力大小以及被承载对象的压力大小，然后才可了解该生态系统是否超载或低载。因此，用承压指数、压力指数和承压度描述特定生态系统的承载状况。

生态系统承载指数。根据生态承载力定义，生态承载力的支持能力大小取决于生态弹性能力、资源承载能力和环境承载能力 3 个方面，因此生态承载指数也相应地从这 3 个方面确定，分别称为生态弹性指数、资源承载指数和环境承载指数。

生态弹性指数表达式为

$$\mathrm{CSI}^{\mathrm{eco}}=\sum_{i=1}^{5}S_i^{\mathrm{eco}}w_i^{\mathrm{eco}} \tag{3.4}$$

式中，S_i^{eco} 为生态系统特征要素；$i=1,2,3,4,5$ 分别为地形地貌、土壤、植被、气候和水文要素；w_i^{eco} 为相应的权重值。

资源承载指数表达式为

$$\mathrm{CSI}^{\mathrm{res}}=\sum_{i=1}^{4}S_i^{\mathrm{res}}w_i^{\mathrm{res}} \tag{3.5}$$

式中，S_i^{res} 为资源组成要素；$i=1,2,3,4$ 分别为土地资源、水资源、旅游资源和矿产资源；w_i^{res} 为要素 i 的相应权重值。

环境承载指数表达式为

$$\mathrm{CSI}^{\mathrm{env}}=\sum_{i=1}^{3}S_i^{\mathrm{env}}w_i^{\mathrm{env}} \tag{3.6}$$

式中，S_i^{env} 为环境组成要素；$i=1,2,3$ 分别为水环境、大气环境和土壤环境；w_i^{env} 为要素 i 的相应权重值。

生态系统压力指数表达式。生态系统的最终承载对象是具有一定生活质量的人口数量，所以生态系统压力指数可通过承载的人口数量和相应的生活质量来反映。其表达式为

$$\mathrm{CPI}^{\mathrm{pop}} = \sum_{i=1}^{n} P_i^{\mathrm{pop}} W_i^{\mathrm{pop}} \tag{3.7}$$

式中，$\mathrm{CPI}^{\mathrm{pop}}$ 为以人口表示的压力指数；P_i^{pop} 为不同类群人口数量；W_i^{pop} 为相应类群人口的生活质量权重值。

生态系统承载压力度 CCPS 的基本表达式为

$$\mathrm{CCPS}=\mathrm{CCP}/\mathrm{CCS} \tag{3.8}$$

式中，CCS 和 CCP 分别为生态系统中支持要素的支持能力大小和相应压力要素的压力大小。

3.2.4　状态空间法

1. 状态空间法的基本原理及应用

状态空间法是一种应用广泛的系统模拟分析和设计方法。本质上，状态空间法是一种时域分析方法，不但描述了系统的外部特征，更揭示了系统的内部状态和性能。状态空间法是欧氏几何空间用于定量描述系统状态的一种有效方法，通常用表示系统各要素状态向量的三维状态空间轴组成。应用状态空间法可作为定量的描述和测度区域承载力与承载状态的重要手段。

岛群综合承载力以状体空间中的矢量模来表示，即空间中状态点与系统原点构成的矢量。岛群综合承载力（RCC）是对各状态维加权综合而成的统一指数，其数学表达式如下：

$$\mathrm{RCC} = |\boldsymbol{M}| = \sqrt{\sum_{i=1}^{n} W_i {x_{ir}}^2} \tag{3.9}$$

式中，$|\boldsymbol{M}|$ 为某区域承载力的有向矢量的模；W_i 为 x_{ir} 轴的权重，x_{ir} 为各指标处在理想状态下的空间坐标值（i=1，2，3，…，n）。值得注意的是，人类社会经济活动需要同时考虑对岛群区域海洋资源、生态和环境承载体的正面和负面的影响，如对岛群区域海洋生态环境的污染虽然属于负面影响，但是在计算过程中均为绝对值。

2. 承载状况的判定

在岛群综合承载力的判定过程中，需要构建指标体系，并通过选取指标的实际值来反映人类社会经济、资源供给能力、生态环境支持的现实承载状况。首先对指标进行无量纲化处理，假定经过处理后的指标理想值为：1，1，1，…，1（n 个），即承载力曲面 $X_{\max}OY_{\max}$ 上任意一点与原点构成的矢量模为 1，则岛群综合承载力的大小为

$$\mathrm{RCC}^* = |\boldsymbol{M}^*| = \sqrt{\sum_{i=1}^{n} W_i {x_{ir}}^{*2}} = 1 \tag{3.10}$$

但现实中的承载状况同理想状态是存在差异的，因此，现实中的岛群综合承载力的计算公式为

$$\mathrm{RCC} = \left|\boldsymbol{M}\right| = \sqrt{\sum_{i=1}^{n} W_i {x_{ir}}^2} \tag{3.11}$$

式中，$|\boldsymbol{M}|$ 为现实状态下岛群综合承载力的矢量模，x_{ir} 为人类社会经济活动、资源供给能力和生态环境支持在现实状态下标准化处理后的空间坐标值（i=1，2，3，…，n）。因此根据现实承载状况矢量模（RCC）与理想状态下其矢量模（RCC*）的大小比较，可以判断岛群综合承载力的状况。

当 RCC＞1 时，岛群处于可承载状态；

当 RCC=1 时，岛群处于临界承载状态；

当 RCC＜1 时，岛群处于超载状态。

考虑“自然-社会-经济”复合系统的复杂性和发展的波动性，为保证评估结果能够准确支持社会经济的发展，在社会经济复合系统模型中将承载力评估结果判断标准的容差设定为 0.2，则

当 RCC＞1.1 时，岛群处于可承载状态；

当 0.8＜RCC＜1 时，岛群处于临界承载状态；

当 RCC＜0.8 时，岛群处于超载状态。

可承载表示区域的综合承载力很高，人类活动并没有超越自然环境资源的承载容量，在未来的发展中有比较大的发展潜力；临界承载表示区域的人类活动与其自然资源环境的承载容量相当，在未来的发展中要注意制定合理的宏观决策才能更好地发展；超载表明人类活动已经超过了自然环境资源的承载能力，区域的发展过快而导致生态环境的恶化，在未来的发展中要考虑对生态环境的恢复和治理。

3. 状态空间中状态权重的确定

在多目标决策过程中指标权重测定是非常关键步骤之一。采用不同方法来测定权重，得到结果也不尽相同，从而直接影响最终结果。因而选择适当方法来测定权重是至关重要。目前，测定用于权重的方法根据计算时原始数据的来源不同，大体可以分为主观赋权法和客观赋权法两大类。主观赋权法主要是由专家根据经验主观判断而得到，如 Delphi 法、层次分析法（AHP）、二项系数法等。客观赋权法的原始数据是由各指标在评价单位中的实际数据形成的，如主成分分析法、离差最大化法、熵值法、多目标优化方差法、相关系数法、均方差权重法等。本项目选用多标度层次分析法、均方差权重法和熵值法来对评价指标赋权。

1）多标度层次分析法

在这里，评价指标权重的确定可采用三标度层次分析法。三标度层次分析法是通过两两比较的方式确定层次中诸因素的相对重要性，然后综合人的判断以确定决策诸因素相对重要性的总排序。其计算权重的步骤如下：

构造主观比较矩阵，$\boldsymbol{C} = [C_{ij}]_{n\times n'}$

式中，$c_{ij}=\begin{cases}1, 指标i比指标j重要\\0, 指标i与指标j同等重要\\-1, 指标i不如指标j重要\end{cases}$

建立感觉判断矩阵

$$\boldsymbol{S}=[s_{ij}]_{n\times n'}$$

式中，$s_{ij}=d_i-d_j$，$d_i=\sum c_{ij}$

计算客观判断矩阵

$$\boldsymbol{R}=[r_{ij}]_{n\times n'}$$

式中，$r_{ij}=p^{s_{ij}/s_m}$，$s_m=\max S_{ij}=\max(d_i)-\min(d_j)$，$p$ 为使用者定义的标度扩展值范围，如 p=3 或 p=7，这里取 3。客观判断矩阵 R 任意一列的归一化即为 n 个指标的权重向量$[w_1,w_2,\cdots,w_n]^{\mathrm{T}}$。

2）均方差权重法。

对评价指标的标准化处理。设多指标综合评价问题中方案集为 $A=\{A_1,A_2,\cdots,A_n\}$，指标集为 $G=\{G_1,G_2,\cdots,G_m\}$；方案 A_i 对指标 G_i 的属性值记为 $Y_{ij}=(i=1,2\cdots,n;j=1,2,\cdots,m)$，$Y=(y_{ij})_{n\times m}$ 表示方案集 A 对指标集 G 的“属性矩阵”，俗称为“决策矩阵”。通常，指标有“效益型”和“成本型”两大类。“效益型”指标指属性值越大越好的指标；而“成本型”指标为属性值越小越好的指标。一般来说，不同的评价指标往往具有不同的量纲和量纲单位，为了消除量纲与量纲单位的影响，在决策之前，应首先将评价指标进行无量纲化处理，无量纲化的方法很多，常用的方法如下：

对于效益型指标，一般可令

$$Z_{ij}=(y_{ij}-y_j^{\min})/(y_j^{\max}-y_j^{\min}),\quad (i=1,2,\cdots,n;j=1,2,\cdots,m) \tag{3.12}$$

对于成本型指标，一般可令

$$Z_{ij}=(y_j^{\max}-y_{ij})/(y_j^{\max}-y_j^{\min}),\quad (i=1,2,\cdots,n;j=1,2,\cdots,m) \tag{3.13}$$

式中，$y_j^{\max}$ 和 $y_j^{\min}$ 分别为指标的最大值和最小值。这样无量纲化的决策矩阵为 $Z=(Z_{ij})_{n\times m}$，显然，Z_{ij} 越大越好。

均方差权重法反映随机变量离散程度的最重要的也是最常用的指标是该随机变量的均方差。这种方法的基本思路是以各评价指标为随机变量，各方案 A_i 在指标 G_i 下的无量纲化的属性值为该随机变量的取值，首先求出这些随机变量（各指标）的均方差，将这些方差归一化，其结果即为各指标的权重系数。该方法的计算步骤为

（1）求随机变量的均值

$$E(G_j)=\frac{1}{n}\sum_{i=1}^{n}Z_{ij}$$

（2）求 G_j 的均方差

$$\sigma(G_i)=\sqrt{\sum_{i=1}^{n}(Z_{ij}-(E(G_j))^2}$$

（3）求 G_j 的权重系数为

$$W_j=\frac{\sigma(G_j)}{\sum_{j=1}^{m}\sigma(G_j)}$$

3）熵值法

熵值法的原理如下：设有 m 个待评方案，n 项评价指标，形成原始指标数据矩阵 $\boldsymbol{X}=(x_{ij})_{m\times n}$，对于某项指标 x_i，指标值 x_{ij} 的差距越大，则该指标在综合评价中所起的作用越大；如果某项指标的指标值全部相等，则该指标在综合评价中不起作用。在信息论中，信息熵 $H(x)=-\sum_{i=1}^{n}p(x_i)\ln p(x_i)$ 是系统无序程度的度量，信息是系统有序程度的度量，二者绝对值相等，符号相反。某项指标的指标值变异程度越大，信息熵越小，该指标提供的信息量越大，该指标的权重也应越大；反之，某项指标的指标值变异程度越小，信息熵越大，该指标提供的信息量越小，该指标的权重也越小。所以，可以根据各项指标的值的变异程度，利用信息熵这个工具，计算出各指标的权重，为多指标综合评价提供依据。通过如下 5 个步骤进行综合评价。

（1）将各指标同度量化，计算第 j 项指标下第 i 方案指标值的权重 p_{ij}：

$$p_{ij}=\frac{x_{ij}}{\sum_{i=1}^{m}x_{ij}} \tag{3.14}$$

（2）计算第 j 项指标的熵值 e_j：

$$e_j=-k\sum_{k=1}^{m}p_{ij}\ln p_{ij} \tag{3.15}$$

式中，$k>0$，ln 为自然对数，$e_j=0$。如果 x_{ij} 对于给定的 j 全部相等，那么

$$p_{ij}=\frac{x_{ij}}{\sum_{i=1}^{m}x_{ij}}=\frac{1}{m} \tag{3.16}$$

此时，e_j 取极大值，即

$$e_j=-k\sum_{i=1}^{m}\frac{1}{m}\ln\frac{1}{m}=k\ln m \tag{3.17}$$

若设$k=\frac{1}{\ln m}$，于是有$0\leqslant e_j\leqslant 1$

（3）计算第j项指标的差异性系数g_i。对于给定的j，x_{ij}的差异性越小，则e_j越大；当各方案的指标值相差越大时，e_j越小，该项指标对于方案比较所起的作用越大。定义差异性系数：

$$g_j=1-e_j \tag{3.18}$$

则当g_i越大时，指标越重要。

（4）定义权重：

$$a_j=\frac{g_j}{\sum_{j=1}^{n}g_j} \tag{3.19}$$

（5）计算综合经济效益系数v_i：

$$v_i=\sum_{j=1}^{n}a_j p_{ij} \tag{3.20}$$

式中，v_i为第i个方案的综合评价值。

4. 承载力指标理想状态值的确定

不同区域或是同一区域在不同的经济发展阶段，其时段理想状态是不同的。不同岛群区域，在资源环境、人口数量与社会经济活动总量以及区际间相互交流上，都存在差异。因此，在不同的岛群区域代表可持续发展状态的理想状态相应会发生改变，这就需要具有针对性地确定时段理想状态。通常有以下几种方法确定承载力指标理想状态值。

1）问卷调查法

问卷调查法是属于专家意见评判法的一种。通过研究者将研究问题制成事先拟好备选答案的标准问卷，向有关专家学者及地方政府部门决策者进行问卷调查，将各种答案按照一定的规则转换成定量化数据，以此来确定时段理想状态。使用问卷调查法能够充分利用人的主观能动性在确定时段理想状态中的作用，而且得出的结果比较符合时段理想状态的时段性和区域性，在实际应用中是一种较好的方法。但问卷调查法一旦被调查对象对某一问题给出的答案离散程度较高时，该问题所涉及的指标一般必须重新调查，甚至剔除。

2）标准法

所谓标准法，实际上指的是利用现有的一些国际、国内标准来确定时段理想状态。标准法是应用最为简便的一种方法，只需要确定时段理想状态的一个标准，对指标的定量化工作可以通过查询标准手册获得。在经济发展和环境保护治理领域，这一类的国际国内标准是非常丰富的。由于各类标准的制定均有较长的历史依据，因此在进行理想时段状态确定时，有较强的客观性。

3）参照系法

参照系法就是通过一定的比较和筛选，将现实的某一个区域作为所研究区域的参照标准，该区域称为参照区域。一般参照区域选用的都是被公认为在发展的各个方面比较符合或比所研究区域更接近可持续发展状态的区域。使用参照系法来确定时段理想状态时，可以直接将参照区域某个方面的指标作为理想状态值。

5. 承载力指标预测方法

对一定岛群区域承载力的现状进行评价后，往往涉及承载力未来发展状况的分析和预测，这就需要进行多变量及多要素的综合分析，以及进行各变量和要素之间的内在动力关系和相互作用机制的研究。有关承载力指标的预测方法包括系统动力学方法和组合预测法。

1）系统动力学方法

系统动力学模型由系统结构流程图和构造方程组成，流程图通过反映系统中各变量间因果关系和正负反馈来体现实际系统的结构特征，构造方程是变量间定量关系的数学表达式，可以由流程图直接确定，也可以由相关函数（线性或非线性函数关系）给出，其一般表达式为

$$\frac{\mathrm{d}X}{\mathrm{d}t}=f(X_i,V_i,R_i,P_i) \tag{3.21}$$

其差分形式可形成：$X(t+\Delta t)=X(t)+f(X_i,V_i,R_i,P_i)\Delta t$

式中，X 为状态变量；V 为辅助变量；R 为流率变量；P 为参数；t 为仿真时间；Δt 为仿真步长。

系统动力学的程序目前通常用 Vensim 实现。Vensim 是由 Ventana 公司开发的运行于 Windows 操作系统下的系统动力学软件，它具有图形化建模、复合模拟、数组变量、真实性检验、灵敏性测试、模型最优化等强大的功能。Vensim 主要有以下 4 个特点：①利用图示化编程建立模型，只要依据操作按钮围绕变量间的因果关系画出流程图，再通过 Equation Editor 输入方程和参数，就可以进行模拟了；②运行于 Windows 操作系统下，提供了丰富的输出信息和灵活的输出方式，且具有较强的兼容性；③对模型提供了多种分析方式，包括结构分析和数据集分析；④真实性检验，可以判断模型的合理性与真实性，从而调整结构或参数。

Vensim 模型中的主要变量有状态变量方程、速率变量方程、辅助变量方程、表函数、初始值方程、常量方程等。状态变量是指凡是能对输入和输出变量进行积累的变量，计算状态变量的方程成为状态变量方程；状态变量方程中代表输入和输出的变量称为速率，它由速率变量方程求出。速率方程没有标准格式，它可根据系统的具体情况书写；在建立速率变量方程之前，如果没有做好某些代数计算，把速率变量方程中必需的信息仔细加以考虑，这些附加的代数计算称为辅助变量方程，方程中的变量则称为辅助变量。

辅助变量方程和速率变量方程一样，没有统一的标准格式；在 SD 系统中往往需要用辅助变量描述某些变量间的非线性关系，这种描述简单地由其他变量进行代数组合的辅助变量很难胜任，这时可以用 Vensim 中的表函数表示；初始值方程是为状态变量方程赋予初始值的，所有模型中的状态变量方程必须赋予初始值；常数是系统中参变量的最简单形式，它与存量共同决定速率的变化，常数方程就是给常数赋值。此外，Vensim 模型中还拥有的主要函数有：延迟函数、平滑函数、数学函数、逻辑函数以及测试函数等，这些函数对于建模都十分重要。

系统动力学的建模方法是通过因果关系图、流程图建立起来的结构模型，然后建立方程模型。其核心是从系统实际出发，通过系统分析，形成一个复杂的流程图结构模型。在构建岛群综合承载力系统动力学模型前，首先要明确需要解决的问题，即对岛群生态环境承载力系统进行分析，明确系统内需要分析的因素，分析各因素间相互掣肘和促进的关系及系统运行机制，从而揭示资源子系统、生态子系统和环境子系统对经济的承载能力及未来的承载趋势，以制定改善资源、生态环境保护和经济发展的行为方式，实现经济发展与生态环境保护共赢的局面。在此基础上建立 SD 模型的一般程序如图 3.1 所示。

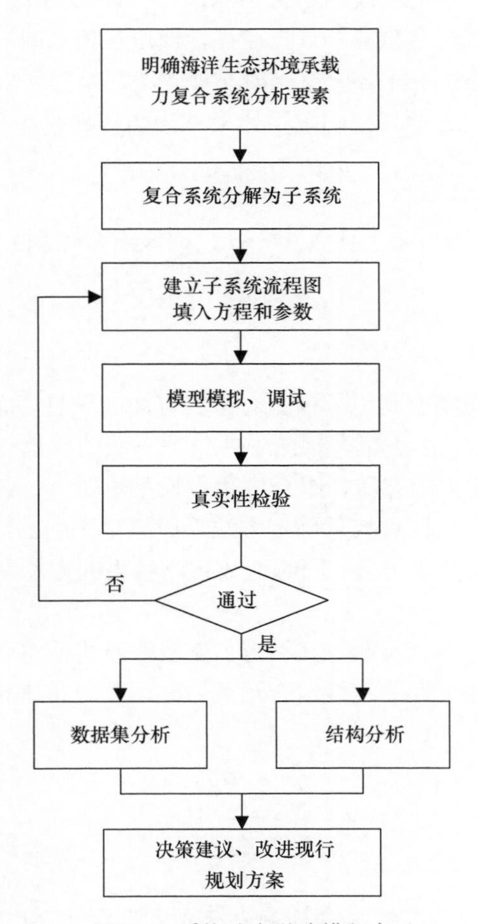

图 3.1　系统动力学建模程序

2）组合预测法

在进行组合预测之前需采用单一预测法对指标进行预测。单一预测法包括成长曲线法、趋势外推法和灰色系统法。单一预测法包括成长曲线法、趋势外推法和灰色系统法。成长曲线法是一条S形曲线，它反映了经济开始增长缓慢，随后增长加快，达到一定程度后，增长率逐渐减慢，最后达到饱和状态的过程，主要包括 Gompertz 曲线模型和 Logistic 曲线模型。趋势外推法是长期预测的主要方法。它是根据时间序列的发展趋势，配合合适的曲线模型，外推预测未来的趋势值，具体包括直线模型预测法、多项式曲线模型预测法、指数曲线模型预测法等。灰色系统法是一种研究少数据、贫信息不确定性问题的新方法。灰色系统理论以“部分信息已知，部分信息未知”的“小样本”“贫信息”不确定性系统为研究对象，主要通过对“部分”已知信息的生成、开发、提取有价值的信息，实现对系统运行行为、演化规律的正确描述和有效监控。

组合预测法是将若干种类的预测方法所获得的结果按照一定的权重组合起来，以便减少单项预测误差较大缺陷的预测方法。按照获得权重的方法，组合预测法可以分为基于算术平均的线性组合预测法和基于调和平均的线性组合预测法。基于调和平均的线性组合预测法优于基于算术平均的线性组合预测法，可证明如下。

基于算术平均的线性组合预测法。假定有 n 种相互独立的不同方法对研究对象 Y 进行预测，所得结果分别为：$Y_1, Y_2, \cdots, Y_n$，该 n 种方法都是对研究对象的无偏估计，其预测方差分别为：$\sigma_{12}, \sigma_{22}, \cdots, \sigma_{n2}$，则基于算术平均的线性组合预测法可表述为

$$Y' = W_1 Y_1 + W_2 Y_2 + \cdots + W_n Y_n \tag{3.22}$$

式中，$W_i = \dfrac{\sigma_i^2}{\sum\limits_{j=1}^{n} \sigma_j^2}$，$0 < W_i < 1$，且 $\sum W_i = 1$，则该组合预测 Y' 对于 Y 是无偏的和一致的，即 $E(Y') = E(Y)$。

该组合预测在一定程度上利用了预测对象多方面的信息，而且应用简单，从而在实际预测中获得广泛应用，但由于组合预测中各单项方法的权重与各单项方法预测结果的方差成正比，预测偏差较大的方法在组合中所占权重也较大，客观上造成鼓励劣方法的效果，而且理论上可以证明这种权重确定方法造成算术平均的线性组合预测不再有效，即预测结果的方差不再是最小方差，同时造成预测结果的方差是预测对象真正方差的有偏估计。

基于调和平均的线性组合预测方法。为了克服普通线性组合预测方法的缺陷，提高预测精度，采用基于调和平均的线性组合预测方法，其权重确定如下：

$$W_i = \frac{\dfrac{1}{\sigma_i^2}}{\sum\limits_{j=1}^{n} \dfrac{1}{\sigma_j^2}} \tag{3.23}$$

则对于基于调和平均的线性组合预测方法有 $Y'' = W_1'Y_1 + W_2'Y_2 + \cdots + W_n'Y_n$ 有如下几

点结论成立：

（1）组合预测 Y'' 对于 Y 也是无偏估计，即：$E(Y'')=E(Y)$

证明：$E(Y)=E(W_1'Y_1+W_2'Y_2+\cdots+W_n'Y_n)=E(Y)\times\sum_{i=1}^{n}W_i'=E(Y)$

（2）组合预测 Y'' 一定优于单一预测，即使得：

$\sigma''^2<\min(\sigma_{12},\sigma_{22},\cdots,\sigma_{n2})$

证明：令 $\sigma_2=\min(\sigma_{12},\sigma_{22},\cdots,\sigma_{n2})$

$$\sigma''^2=D(Y'')=D(W_1'Y_1+W_2'Y_2+\cdots+W_n'Y_n)=W_1'\sigma_{12}+W_2'\sigma_{22}+\cdots+W_n'\sigma_{n2}$$

$$=\frac{(\frac{1}{\sigma_1^{\ 2}})^2*\sigma_1^{\ 2}}{(\sum_{j=1}^{n}\frac{1}{\sigma_j^{\ 2}})^2}+\frac{(\frac{1}{\sigma_2^{\ 2}})^2*\sigma_2^{\ 2}}{(\sum_{j=1}^{n}\frac{1}{\sigma_j^{\ 2}})^2}+\cdots+\frac{(\frac{1}{\sigma_n^{\ 2}})^2*\sigma_n^{\ 2}}{(\sum_{j=1}^{n}\frac{1}{\sigma_j^{\ 2}})^2}=\frac{1}{\sum_{j=}^{n}\frac{1}{\sigma^2}}<\frac{1}{\frac{1}{\sigma^2}}=\sigma^2$$

（3）组合预测 Y'' 至少不比组合预测 Y' 差，即 $\sigma''^2\leqslant\sigma'^2$；

证明：$\sigma'^2=\sum_{i=1}^{n}w_i^{\ 2}\sigma_t^{\ 2}=\frac{\sum_{i=1}^{n}\sigma_i^{\ 6}}{(\sum_{j=2}^{n}\sigma_j^{\ 2})^2}$，$\sigma''^2=\frac{1}{\sum_{j=1}^{n}\frac{1}{\sigma_j^{\ 2}}}$

得到：$\sigma'^2\geqslant\sigma''^2$，从以上结论可以确定基于调和平均的线性组合预测方法是无偏的、一致的和有效的。

3.2.5　生态足迹分析法

生态足迹分析法是由加拿大生态经济学家 William Rees 及其学生 Mathis Wackernagel 于 20 世纪 90 年代初提出的一种度量可持续发展程度的方法。它是一组基于土地面积的量化指标，可以把它形象地理解为“一只负载着人类与人类所创造的城市、工厂……的巨脚踏在地球上留下的脚印。”生态足迹分析法基于如下的假设：人类消费的大多数资源和产生的废弃物可以计算；这些资源和废弃物可以换算成生产这些资源和净化这些废弃物所需要的生产性土地面积。生态足迹这一形象化的概念既反映了人类对地球环境的影响，也包含了可持续性机制。生态足迹模型作为一种直观且综合的研究方法，很快得到了有关国际机构、政府部门和研究机构的认可，成为国际上一个重要的可持续发展评价方法。

1. 生态足迹模型涉及的概念

生态足迹模型涉及生态足迹、生态承载力生态赤字和生态盈余等概念。

生态足迹。在 William 和 Mathis Wackernagel 合著的《我们的生态足迹：减少人类对地球的影响》一书中，生态足迹被描述为：生态足迹是特定的种群强加于自然环境的

“负荷”，它代表要维持一定水平的人类活动（如吃、穿、行）等相关的资源消费和废弃物处理所必需的土地面积。此后，William Rees 进一步概括了生态足迹的定义：“生态足迹是指在特定的人口数量和特定的物质消费水平下，提供资源消费并吸收废弃物所需的生产性（承载性）陆地和水域面积。”

生态承载力。生态承载力是指由区域地理条件决定的对生命的支持能力。为了消除不同的消费水平以及污染排放对环境容量所造成的影响，生态足迹的研究者们将一个地区所能提供给人类的生物生产性土地的面积总和定义为该地区的生态承载力。根据世界环境与发展委员会（WCED）的报告，至少应留出 12%的生态承载力来保护生物多样性，因此在计算生态承载力时，人类能够占用的空间应当扣除 12%。

2. 生态足迹计算方法

计算一个区域的生态足迹时，需要搜集消费数据。通常有两种方法：第一种是自下而上法，即通过发放调查问卷、查阅统计资料的方式获得人均的各种消费数据：第二种是自上而下法，通过查阅地区性或全国性的统计资料得到该区域各消费项目的有关总量数据，再结合人口数得到人均的消费量值。生态足迹的计算遵循以下 4 个步骤。

（1）划分消费项目。生态足迹的计算首先要依据所掌握的数据资料，划分具体的消费项目。耕地类型所对应的消费项目主要有：粮食、蔬菜、油料及水果等农产品；猪肉、家禽肉和禽蛋等动物产品。草地类型所对应的消费项目主要指动物产品及其相关制品，如牛肉、羊肉、牛奶等。林地类型所对应的消费项目主要包括原木以及林产品。水域类型所对应的消费项目主要指淡水鱼、海鱼等各种水产品。建设用地所对应的消费项目主要指道路交通、工业和住房等基础设施和生活设施对土地的占用，由于这些项目一般都是占用耕地的，所以将其生物生产力等值于耕地的生物生产力来处理。化石能源用地所对应的消费项目主要指对各类能源的消费，如原煤、焦炭、原油、天然气及电力等。

（2）计算各主要消费项目的人均年消费量值。不同消费项目的区域消费总量的计算公式为

$$\text{消费量=生产量+进口量–出口量或} C_i \times N = O_i + I_i - E_i \tag{3.24}$$

式中，C_i 为第 i 种消费项目的人均消费量；O_i 为第 i 种消费项目的年生产量；I_i 为第 i 种消费项目年进口量；E_i 为第 i 种消费项目的年出口量；N 为人口数。

（3）利用平均产量把消费量折合成生物生产性土地面积。利用生产力数据，将各项消费资源或产品的消费折算为实际生态生产性土地的面积，及实际生态足迹的各项组分。设生产第 i 项消费项目人均占用的实际生态生产性面积为 A_i（hm^2/人），其计算公式如下：

$$A_i = C_i / P_i = (O_i + I_i - E_i) / (P_i \times N) \tag{3.25}$$

式中，P_i 为相应的生态生产性土地生产第 i 项消费项目的年平均生产力，kg/hm^2。

（4）计算人均生态足迹。通过均衡因子把各类生物生产性土地面积转换为等价生产力的土地面积，然后加总，计算出人均消费所占用的生态空间，即人均生态足迹。均衡因子（Y）是用来把不同类型的生产性土地转化为同一生产力水平的土地的系数。均衡

因子的计算方法是：

均衡因子=某类生产性土地的区域产量/全球各类生产性土地的平均产量

人均生态足迹（ef）的计算公式如下：

$$\text{ef} = \sum Y_i A_i = \sum Y_i (O_i + I_i - E_i) / (P_i \times N) \tag{3.26}$$

3. 生态承载力计算

某一区域的生态承载力计算步骤如下：

（1）计算各类人均生物生产性土地的面积 α_j。

（2）计算产量因子（y_j）。由于同一类生物生产性土地的生产力在不同区域之间是存在差异的，因而不同区域之间的土地实际面积是不能直接进行比较的。产量因子就是将不同区域生产力水平不同的同类生产性土地转化为同一生产力水平土地面积的参数。一般计算时采用全球该类土地的平均生产力为基准，产量因子实际上就是该区域某类生产性土地的平均生产力与全球平均生产力的比率。

（3）计算各类生产性土地的人均生态承载力。同时，根据世界环境与发展委员会（WCED）的报告要求，人类发展需要划出12%的生物生产性面积用于生物多样性保护。其计算公式为

$$\text{ec} = (1-12\%) \sum a_j \times \gamma_j \times y_j \tag{3.27}$$

式中，ec 为人均生态承载力；γ_j 为各类生物生产型土地的均衡因子。

（4）计算该区域的生态承载力，公式如下：

$$EC = N \times \text{ec} \tag{3.28}$$

式中，EC 为区域生态承载力；N 为人口数。

3.2.6　承载力计算方法的比较分析

根据以上对几种承载力的计算方法阐述，可以分析各个承载力计算模型优缺点。

自然植被净第一性生产力估测法其特点是以生态系统内自然植被的第一性生产力估测值确定生态承载力的指示值，但其不能反映生态环境所能承受的人类各种社会经济活动能力。

资源与需求差量法是根据资源存量与需求量以及生态环境现状和期望状况之间的差量来确定承载力状况，该方法较为简单，但不能表示研究区域的社会经济状况及人民生活水平。

综合评价法是选取一些发展银子和限制因子作为生态承载力的指标，用各要素的监测值与标准或期望值比较，得到各要素的承载率，然后按照权重法得出综合承载率，考虑因素较全面、灵活，适用于评价指标层次较多的情况，但所需数据和资料较多。

状态空间法较为准确地判断某区域某时间段的承载力状况。但定量计算较为困难，构建承载力曲面较困难，所需数据和资料较多。

生态足迹法是由一个地区所能提供给人类的生态生产性土地的面积总和来确定地区生态承载力。不能反映社会经济活动、科技进步等因素。

通过对几种承载力评价方法的比较，可以看出，综合评价法和状态空间法对于承载力因素考虑较为全面、灵活，能够较为准确地判断某区域某时间段的承载力状况。因此，对三个示范区采取的综合承载力的评估方法主要为状态空间法和综合评价法。综合评价法实质上是状态空间法，只是形式有所不同。庙岛群岛南部岛群示范区采用的是综合评价法。金塘岛及附近岛屿示范区和海坛岛及附近岛屿示范区则采用的是状态空间法。此外，对金塘岛及附近岛屿示范区同时采用了生态足迹法进行了评价。

第二篇　金塘岛及附近岛屿综合承载力评估

第 4 章　金塘岛及附近岛屿基本情况

舟山群岛是我国第一大群岛，约占我国海岛总数的 20%。在舟山群岛新区上升为国家战略新区的背景下，金塘岛及附近岛屿的区位优势更加突出，已成为舟山群岛新区建设的桥头堡和重要经济带，为典型的高强度开发区。舟山大陆连岛工程的 5 座大桥将岑港、里钓山岛、富翅岛、册子岛、金塘岛和宁波镇海连为一体，5 桥连岛也成为金塘岛及附近岛屿在整个舟山群岛中的突出特色。陆与岛、岛与岛通过大桥相互连通形成更加紧密协同发展的岛群。岛陆连通，岛岛相连形成的“链型岛群”，使得岛群区域综合承载力大幅提高。选择金塘岛及附近岛屿作为典型岛群区域，具有代表性，并具有突出特色，在提高岛群综合承载力方面具有重大的政策意义。

4.1　金塘岛及附近岛屿范围

金塘岛及附近岛屿位于杭州湾口外东南，甬江口外东北，舟山岛西部，南隔金塘水道与宁波市北仑区相望，东面以富翅门水道、孤茨航门与舟山岛相隔，隶属于舟山定海区（图 4.1）。区域范围内共有岛屿 19 个，其中有居民海岛 9 个，无居民海岛 10 个，金塘岛为最大海岛（表 4.1）。

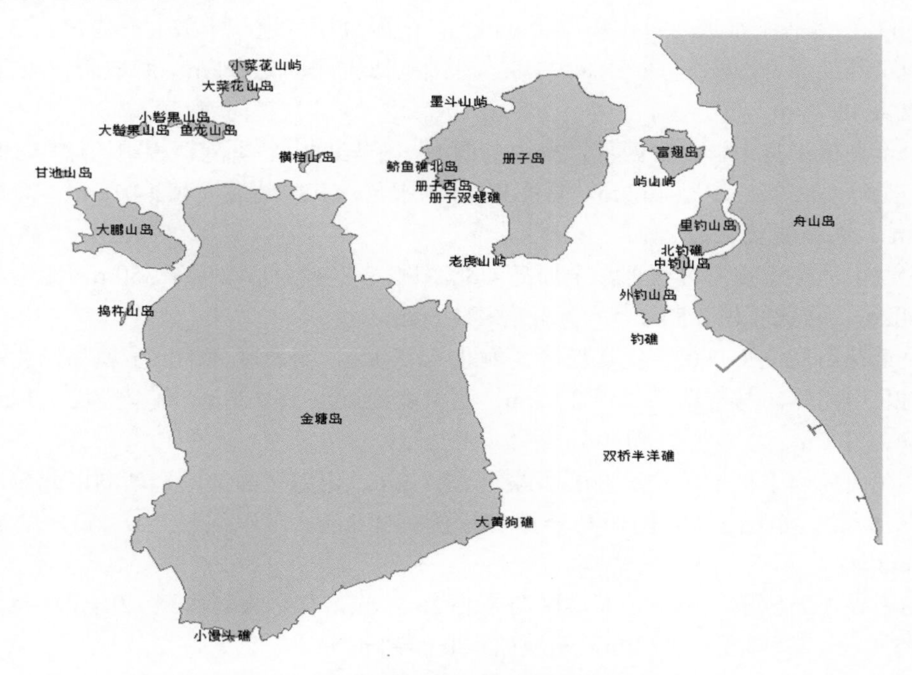

图 4.1　金塘岛及附近岛屿示范区

表 4.1　金塘岛及附近岛屿示范区

名称	有无居民	海岸线长度/km	海岛面积/km^2
金塘岛	有	48.7	77.35
册子岛	有	23.2	14.1
大鹏山岛	有	11.6	3.5
大菜花山岛	有	4.9	0.71
鱼龙山岛	有	2.9	0.369
小髫果山岛	有	1.1	0.049
大髫果山岛	有	2	0.193
甘池山岛	有	0.9	0.042
横档山岛	有	2	0.173
小菜花山岛	无	0.66	0.02
捣杵山岛	无	1.8	0.058
小馒头礁	无	0.19	0.00252
金塘黄牛礁	无	0.14	0.0013
大黄狗礁	无	0.07	0.00031
老虎山屿	无	0.66	0.019
册子双螺礁（1）	无	0.15	0.0011
册子双螺礁（2）	无	0.13	0.00124
外岗礁	无	0.06	0.00025
墨斗山屿	无	0.27	0.00539

金塘岛位于舟山群岛中西部，舟山岛以西，舟山市定海区政府驻地定海城区以西 16.9 km，东隔册子水道与舟山岛岸距 5.6km，南隔金塘水道与宁波北仑港岸距 3.2 km，为舟山第四大岛。金塘岛总面积 82.11km^2，其中陆域面积 77.35 km^2，海域面积 4.76 km^2。海岸线长 48.7 km。

册子岛位于舟山群岛中西部，舟山岛西南，东与舟山岛岑港镇相望，岸距 1.8 km，西南与金塘岛相邻，岸距 1.6km。总面积 14.97 km^2，其中陆域面积 14.1km^2，海域面积 0.77 km^2。海岸线长 23.2 km。

大鹏山岛位于定海区西部，金塘岛西北海域，与金塘岛岸距约 350m，距大陆最近点 11.4 km。陆域面积 3.5 km^2，海岸线长 11.6 km。

大菜花山岛位于舟山市定海城区西偏北 25.5 km，定海区西部，金塘岛以北海域，西堠门北口西侧，与金塘岛岸距 2.5 km，距大陆最近点 16.5 km。海岸线长 4.9 km，陆域面积 0.71 km^2。

鱼龙山岛位于舟山市定海城区西偏北 25.7 km，定海区西部，金塘岛以北海域，介于金塘岛与大菜花山岛之间，与金塘岛岸距 1.4 km。海岸线长 2.9 km，陆域面积 0.369 km^2。

小髫果山岛位于舟山市定海城区西偏北 26.5 km，与金塘岛岸距 1.9 km，距大陆最近点 15.5 km。海岸线长 1.1 km，陆域面积 0.049 km^2。

大髫果山岛位于舟山市定海城区西偏北 27.4 km，定海区西部，与金塘岛岸距

2.3 km，距大陆最近点14.9 km。海岸线长2 km，陆域面积0.193 km^2。

甘池山岛位于舟山市定海城区西偏北28.6 km，距离大陆最近点13.5km。海岸线长0.9km，陆域面积0.042 km^2。

横档山岛位于舟山市定海城区西偏北23.2 km，与金塘岛岸距400m，距大陆最近点15.7km，海岸线长2km，陆域面积0.173 km^2。

小菜花山岛位于舟山市定海城区西北25.2km，与金塘岛岸距3.2km，距大陆最近点17.9km。海岸线长0.66km，陆域面积0.02 km^2。

捣杵山岛为于舟山市定海城区西偏北26.2km，与金塘岛岸距500m，距大陆最近点9.8km。海岸线长1.8km，陆域面积0.058 km^2。

小馒头礁位于舟山市定海城区以西 23.8 km，与金塘岛岸距 30m，距大陆最近点3.2km。海岸线长0.19km，陆域面积0.00252km^2。

金塘黄牛礁位于舟山市定海城区以西20.5km，与金塘岛岸距2.1km，距大陆最近点4.4km。海岸线长0.14km，陆域面积0.0013 km^2。

大黄狗礁位于舟山市定海城区以西16.9km，距大陆最近点9.1km。海岸线长0.07km，陆域面积0.00031 km^2。

老虎山屿位于舟山市定海城区西偏北18.25km，定海区西部，册子岛南端的西南岸外330m，距大陆最近点16.4km。海岸线长0.66km，陆域面积0.019km^2。

册子双螺礁由册子双螺礁（1）、册子双螺礁（2）组成，位于舟山市定海城区西偏北19.2km，定海区西部，册子岛西南岸外350m，距大陆最近点17.4km。册子双螺礁（1）海岸线长0.15km，陆域面积0.00111km^2。册子双螺礁（2）海岸线长0.13km，陆域面积0.00124 km^2。

外岗礁位于舟山市定海城区西偏北，定海区西部，册子岛西南部海域。海岸线长0.06km，陆域面积0.00025 km^2。

墨斗山屿位于舟山市定海城区西北20.6km，定海区西部，册子岛西北岸外150m，距大陆最近点19.4km。海岸线长0.27km，陆域面积0.00539 km^2。

4.2　金塘岛及附近岛屿在舟山群岛中地理位置的重要性

金塘岛及附近岛屿所构成的金塘岛群是《浙江舟山群岛新区（城市）总体规划（2012—2030)》中提出重点建设的五个岛群板块之一。规划发展目标为建设自由贸易港，五岛群建设中规定："以金塘岛为核心，包括册子岛、外钓山岛等。重点发展港口物流业……"金塘岛群具有区位优势、建港条件优越、相对完善的集疏运体系和腹地市场条件优越等几方面的优势，提升金塘岛群的综合承载力对于促进舟山群岛新区建设自由贸易港的发展目标至关重要。

4.2.1　区 位 条 件

金塘岛地处长江、甬江和钱塘江入海口的交汇处，东距舟山本岛最近岸线6.25 km，南与宁波北仑港相距 3.5 km，是南北海运和远东国际航线的重要枢纽，是长江三角洲地区走向海洋、走向世界的桥头堡。舟山跨海大桥建成通车、甬舟高速、杭甬高速、沪甬高速的贯通，使得金塘岛成为了舟山群岛新区连接大陆的“门户”，对外开放的最前沿。目前，金塘岛是舟山群岛最接近大陆的岛，金塘岛距大陆汽车车程仅需 20 多分钟。这个区位优势是舟山任何一个岛都无法比拟的。

4.2.2 建港条件

金塘岛及附近岛屿建港条件优越。金塘岛及附近的富翅岛、里钓山岛、外钓山岛、册子岛深水岸线共计 42.5 km，深水岸线离岸大多在 100m 以内。航道宽敞，进港航道水深都在 30m 以上，可保证 30 万 t 满载船舶全天候通行。相比上海港、宁波港，金塘岛及附近岛屿港区的港口水深更深、靠泊船舶吨位更大，港口潮流更平缓，具有可作业时间更长、更安全的特点优势，是未来浙江省乃至长江三角洲地区集装箱运输新的增长极。

4.2.3 集疏运体系

金塘岛及附近岛屿具有相对较完善的集疏运体系。在陆地运输上，金塘与上海、杭州、宁波分别形成了三小时、两小时、半小时经济圈，岛内疏港与全省高速互通联网。在海运方面，金塘岛邻近国际海域主航道，有多条国际航线穿境而过，具有依托我国发达的区域市场建立国际贸易中转港的优势。

4.2.4 腹地市场条件

金塘岛及附近岛屿港区的腹地市场条件优越。其直接经济腹地是浙江省，间接经济腹地是长江三角洲和长江中上游地区，这一地区是中国外向型经济发展的前沿，世界制造业基地，国内最大的消费市场，为金塘岛加快集装箱国际物流业奠定了基础。

4.3 自然概况

4.3.1 地质地貌

金塘岛及附近岛屿区域内诸岛主要由白垩系西山头组、茶湾组和九里坪组火山碎屑岩及相关的潜火山组成的侵蚀剥蚀丘陵。高丘陵多分布于东-东南部和北部，以东部潜水流纹斑岩组成的仙人山地势最高，海拔 455.9m。堆积地貌以海积平原分布较广，主要在中西部；丘陵坡麓、沟谷洪积扇比较发育。

金塘岛及附近岛屿区域内各岛北为灰鳖洋，西为潮流三角洲，水深多小于 10m，岛东、南为册子水道、西堠门及金塘水道等潮流深槽，最大水深均超百米。金塘水道，水下地形复杂，等深线密集，其上潮流冲刷区发育，水深普遍较深。金塘水道呈东西走向，是典型的潮汐水道，南靠大陆，北岸为金塘岛西部，西北与杭州湾相连，东南部与册子水道、螺头水道和穿山水道相连，宽 3~7m，长约 15 km，水下地形总体为南浅北深，10m 等深线与海岸线基本平行。南部，北仑山以东，有一个水深小于 30m 的浅滩区，呈舌状向东北延伸。浅滩前缘的西北侧为出露水面的黄牛礁，前缘的东北部有一水下暗礁，顶部水深小于 15m，两者之间有一个水深小于的浅水区。浅滩的东部与大榭岛之间，有一个冲刷沟槽。北仑山至算山（原油码头），有一个水深小于 50m 的浅水区，50m 等深线向北凸，将深水槽逼向北部。北部水深较大，水深大于 50m 的深水槽呈“S”形贯穿整个水道，占水道面积 50%以上，其中水深大于 70m 的区域占深水槽面积的 70%左右。水道内最大水深为 102.4m，至东部口门一带，最大水深在 110m 以上。

金塘岛东面与册子岛、舟山岛之间为西堠门和横水洋，西堠门长约 7.4 km，宽约 1.8 km，横水洋长约 12.5 km，宽约 9 km。西堠门和横水洋呈西北-东南走向，水道内水深边缘浅，中部深，沿岸等深线分布密集，中部较为稀疏。西堠门内水深最大值为 93.4m。横水洋与西堠门相连，水下地形较为复杂，东部舟山岛沿岸有 10m 以浅区分布，最小水深为 3.1m，平均坡度约为 44.75′，西部金塘岛沿岸有 20m 以浅区分布，最小水深为 16m，中部最深处位于大榭岛北部，达 119.9m。

海域沉积物类型可细分为 10 类。黏土质粉砂主要分布在岛北海域、近岸潮滩及水道边坡；细砂、粉砂主要分布在岛西及金塘水道底部，砂砾等粗物质分布在西堠门和册子水道深槽底部，深槽区多有基岩出露。

4.3.2　水 文 气 象

1. 海洋水文

金塘岛及附近岛屿海域，潮汐属不正规半日混合潮。以金塘 2007 年 1 月的实测资料计[①]，最高潮位 2.16m，最低潮位–1.65m（国家 85 高程基面）；平均潮差 2.13m，最大潮差 3.60m，最小为 0.88m。平均涨潮历时为 6h 13min，落潮历时 6h 12min，落潮历时与涨潮历时相当。

金塘岛及附近岛屿海域潮流属不正规半日浅海潮，以往复运动形式为主，流速较强。浙江省河海测绘院于 2005 年 6 月进行了大、小潮全潮同步综合水文测验，包括 5 个潮位观测站和 3 条水文垂线；2008 年 3 月进行了小范围大、中、小潮全潮同步综合水文测验，包括 6 个水位观测站和 6 条水文垂线（图 4.2）。

各水位站同步半个月观测期间高潮水位在 1.96~2.86m 之间，低潮水位–2.23~ –1.74m，平均潮位 0.20~0.31m，最大潮差 3.23~4.61m，最小潮差 1.13~1.93m，平均潮差 2.08~3.14m。各站平均涨潮历时在 5 小时 44 分钟到 6 小时 52 分钟之间，平均落潮历时在 5 小时 33 分钟到 6 小时 40 分钟之间。沥港、新泓口、外游山平均涨潮历时长于落潮历时约 7~18 分钟，其余各站平均涨潮历时略短于平均落潮历时。2008 年 3 月的 15 天观测期间，沥港潮

① 国家海洋局第二海洋研究所. 2007. 舟山金塘水文泥沙测验报告.

位站最高潮位 1.70m，最低潮位–1.58m；最大潮差 3.24m，最小潮差 0.34m，平均潮差 2.15m；平均涨潮历时 6 小时 15 分钟，平均落潮历时 6 小时 8 分钟。

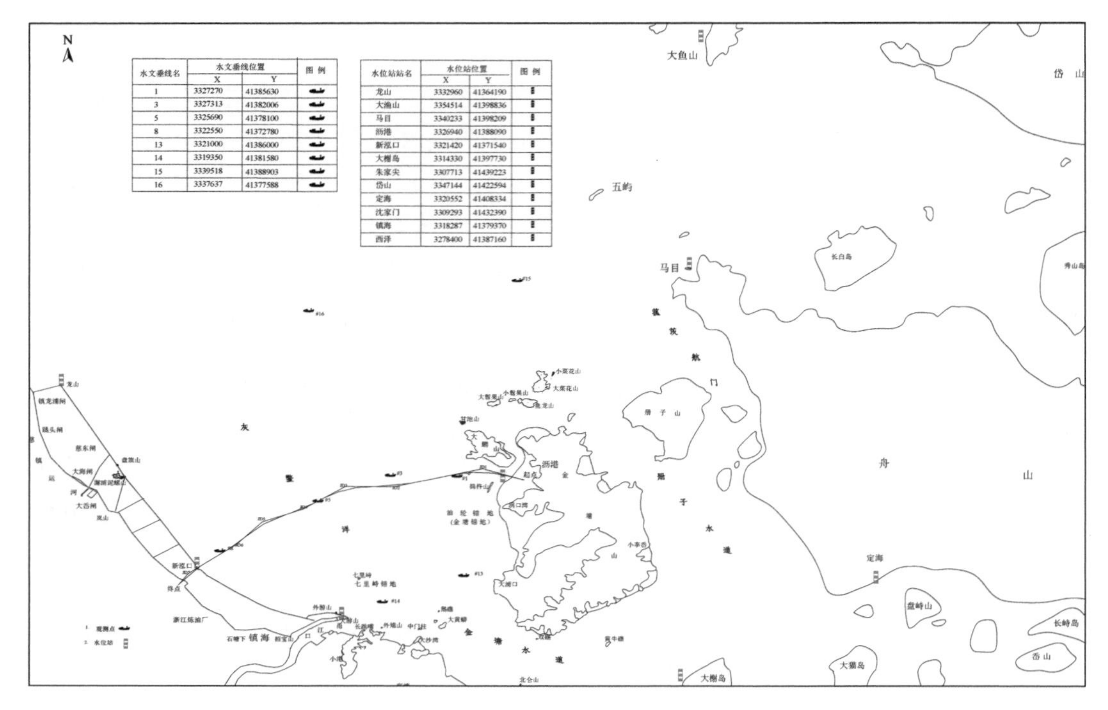

水文垂线名	水文垂线位置		图例
	X	Y	
1	3327270	41385630	
3	3327313	41382006	
5	3325690	41378100	
8	3322550	41372780	
13	3321000	41386000	
14	3319350	41381580	
15	3339518	41388903	
16	3337637	41377588	

水位站站名	水位站位置		图例
	X	Y	
龙山	3332960	41364190	
大鱼山	3354514	41398836	
马目	3340233	41398209	
沥港	3326940	41388090	
新泓口	3321420	41371540	
大榭岛	3314330	41397730	
朱家尖	3307713	41439223	
岱山	3347144	41422594	
定海	3320552	41408334	
沈家门	3309293	41432390	
镇海	3318287	41379370	
西泽	3278400	41387160	

图 4.2　大范围水文测点布置图

金塘岛邻近海域岛屿星罗棋布、水道纵横交错，使得测区内流场较为复杂，各测站受附近岸线与水道的不同影响致使潮流的涨、落潮流势各有差异。

2005 年测次测区各垂线中的平均流况以 1#垂线为最强，大潮汛涨、落潮流的垂线平均最大流速分别为 1.27m/s 和 1.41m/s，2#垂线次之，分别为 1.06m/s 和 1.15m/s，3#垂线最弱，分别为 0.97m/s 和 0.72m/s。就涨、落潮流的大、小比较，大潮期间 1#和 2#垂线为落潮流大于涨潮流，3#垂线为涨潮流大于落潮流；小潮期间 1#垂线涨潮流略大于落潮流，2#和 3#垂线则为落潮流大于涨潮流。

2008 年测次测区各垂线中的平均流况以 P5 垂线为最强，大潮汛涨、落潮流的垂线平均最大流速分别为 1.81m/s 和 1.60m/s，P1 垂线、P6 垂线、P4 垂线次之，P3 垂线最弱，分别为 0.84m/s 和 0.91m/s。P1 垂线、P2 垂线显现出往复流特征，其他垂线受周边地形及水道影响，流矢发散，呈现旋转流特点。就涨、落潮流的大、小比较，大潮期间 P5 垂线和 P6 垂线为涨潮流大于落潮流，其他垂线为落潮流大于涨潮流；中潮期间 P1 垂线、P5 垂线、P6 垂线为涨潮流大于落潮流，其他垂线为落潮流大于涨潮流；小潮期间 P3 垂线、P4 垂线为落潮流大于涨潮流，其余则涨潮流略大于落潮流。

2. 泥沙

金塘岛邻近海域泥沙主要来自长江口和杭州湾，其次是局部被侵蚀后的再悬浮物质，而陆域物质与上述两者相比可忽略不计。悬沙浓度大潮平均为 0.4~1.8kg/m^3，小潮为 0.2~0.5kg/m^3。册子-大榭连线偏西之外钓山海区，实测表、底层悬沙浓度最高分别为 1.3912kg/m^3 和 1.9967kg/m^3，最低分别为 0.034kg/m^3 和 0.119kg/m^3，垂向悬沙浓度平均为 0.0783~1.1527kg/m^3，涨潮平均悬沙浓度为 0.7736kg/m^3，落潮为 0.7637kg/m^3；金塘岛南侧水域最大悬沙浓度为 1.553kg/m^3，最小为 0.264kg/m^3，垂向平均最大和最小悬沙浓度分别为 1.42kg/m^3 和 0.47kg/m^3。

3. 水温盐度

金塘岛及附近岛屿海域年平均表层水温为 17.1℃，实测最高、最低表层水温极值分别为 30.2℃和 4.9℃，其年平均变幅为 19.3℃。年平均表层盐度 24.64，实测最高、最低盐度分别为 33.31 和 11.63，其年平均变幅为 5.06。

4. 波浪

金塘岛及附近岛屿海域波浪以北仑站为代表，年平均波高和周期分别为 0.2m 和 2.2s，最大波高和周期为 1.7m 和 5.0s，各月平均波高和周期分别为 0.1~0.4m 和 1.9~2.5s，以风浪为主，常浪向、强浪向均为北—北西向。百年一遇的 $H_{1/3}$ 为 4.74m，$T_{1/3}$ 为 8.12s。

4.3.3　植 被 土 壤

1. 植被

金塘岛植被总面积 62.81km^2。陆域植被面积 62.75 km^2，植被覆盖率 81.12%。陆域植被中，针叶林和草本栽培植被分别占 52.3%和 39.9%，是金塘岛陆域植被的主体。滩地植被面积 0.065 km^2，占滩地总面积的 1.5%，植被类型有中华结篓草和芦苇，分布于沥港、穆岙、上岙、柏塘诸海涂。天然植被较丰富，共有水杉林、马尾松林、黑松林、杉木林、栓皮栎林、白栎林、枫香林、黄连木林、山合欢林、枫香林、青冈林、香樟、毛竹、杂刚竹、早竹、雷竹、灌丛等 33 个群系。青冈林和香樟天然林几乎均分布全岛，有 11 个群系，是海岛特有珍稀植被类型。

册子岛植被总面积 11.91 km^2，其中陆域植被覆盖率为 83.9%。针叶林和草本栽培植物分别占 64.4%、34.4%，是册子岛植被的主体。针叶林 7.68 km^2，其中马尾松林 5.31km^2，占针叶林的 69.1%；草本栽培植物 4.10 km^2，其中坡地旱地作物 2.17km^2，占 53.0%；阔叶林 0.002km^2；竹林 0.0031 km^2；灌丛 0.04km^2；沼生和水生植物 0.016km^2；木本栽培植被 0.034km^2。潮间带植物面积 0.034 km^2，以盐地鼠尾粟（0.03km^2）、芦苇、糙叶苔草为主，主要分布于桃夭门、门岙等 7 个海涂。

2. 土壤

金塘岛上的土壤主要有滨海盐土、水稻土、红壤和粗骨土 4 个土类，下属滨海盐土、淹育水稻土、渗育水稻土、潴育水稻土、饱和红壤、中性粗骨土 6 个亚类，其面积分别为 1.6 km^2、1.07 km^2、5.19 km^2、7.97km^2、13.41 km^2 和 37.10 km^2。

册子岛土壤有滨海盐土、水稻土、红壤、粗骨土 4 个土类，其面积分别为 0.153km^2、1.99 km^2、3.77km^2、6.72km^2。

大鹏山岛上土壤有轻咸土壤、泥涂、涂泥田、淡涂泥田、棕石砂土等土种。

4.4 主要资源

金塘岛及附近岛屿的主要资源分为两类，即陆地资源和海域资源。陆地资源包括土地资源、淡水资源、矿产资源、生物资源及珍稀濒危物种。岛群海域资源包括海洋渔业资源、港口岸线资源、旅游资源、海洋可再生能源。

4.4.1 岛群陆地资源

1. 土地资源

金塘岛陆域面积 77.35km^2，其中耕地 11.60km^2，林地 44.67km^2，城镇村及工矿用地 17.84 km^2，交通用地 0.9 km^2，水域及水利设施用地 2.29 km^2，其他土地 0.1km^2。在城镇村级工矿用地中，村庄 2.7km^2，采矿用地 0.12km^2，特殊用地 0.03km^2。

册子岛陆域面积 15.01km^2，其中耕地面积 1.23km^2，有林地面积 8.12km^2，城镇村及工矿用地 2.69km^2，交通用地 1.37km^2，水域及设施用地 0.133km^2，未利用土地 1.12km^2。城镇村及工矿用地中，村庄为 0.31km^2，独立工矿用地 0.24 km^2，特殊用地 0.027km^2。

2. 淡水资源

金塘岛年平均降水量 1297mm。地表径流深 488.4mm，地表水资源总量 2802.2 万 m^3。地下水总补给量为 200 万 km^2，其中可利用量为 115.5 万 m^3。岛上总蓄水量 842.53 万 m^3。有河道 127 条，总蓄水能力 120.7 万 m^3。有坑道井 4 口，年可供水量为 0.61 万 m^3。岛上平水年可供水量为 1010.7 万 m^3，偏枯年为 822.2 万 m^3，枯水年为 680.3 万 m^3。金塘岛为较严重缺水岛屿。

册子岛年平均降水量 1188mm。年均地表径流深 433.3mm，地表淡水资源总量 615.5 万 m^3。地下水总补给量 152 万 m^3，可利用量为 15 万 m^3。现有小型水库 2 座，总库容 89.6 万 m^3，正常库容 67.9 万 m^3；山塘 13 座，正常库容 14.62 万 m^3；有河流 5 条，容积 21.36 万 m^3；有池塘 13 处，容积为 0.62 万 m^3；坑道井 1 口，正常容积 625m^3，年可供水量为 0.25 万 m^3。

由于舟山淡水资源的匮乏，舟山大陆引水工程应运而生。舟山大陆引水工程分为三期，现已建到三期。舟山大陆引水三期工程包括 4 个部分 9 大项目。其中，最为重要的是宁波至舟山本岛黄金湾水库引水工程，取水口位于宁波市郊李溪渡村附近的姚江河道，输水管线途经宁波陆上段、灰鳖洋海域后抵达黄金湾调节水库，管线总长约 53.7km，其中宁波陆上段 20.55km，跨海管道 33.15km。此外，三期工程还包括岛际引水工程、舟山本岛输配水工程、大沙调节水库工程 3 个部分。其中，岛际引水工程包括 6 个引水项目，分别为金塘岛引水工程、岱山县引水二期工程、衢山岛引水工程、秀山岛引水工程、六横岛引水工程、普陀山引水工程。舟山群岛通过从宁波的大陆引水工程，淡水资源已经不是承载力的制约因素。

3. 生物资源及珍稀濒危物种

金塘岛上共计分布有11个群系的海岛特有珍稀植被类型。其中，青冈林和香樟天然林绝大部分分布在岛上。明党参也主要分布在金塘岛。还拥有冬青卫茅、异叶紫檀树等数十种滨海或海岛特有的植物（含药用）。动物资源主要有獐、小麂、野猪、穿山甲、水獭、小灵猫、乌龟、中华鳖、蛇、鼠、飞禽等野生动物。其中獐、穿山甲、水獭和小灵猫均为国家二类保护动物。獐主要栖息在丘陵区域，在仙人山、纺花山、老鹰山一带常见，约存400头。穿山甲、水獭和小灵猫在新中国成立前常见，目前已不见，资源量不详。潮间带生物季节性变化明显。以疣荔枝螺、齿纹蜒螺、彩虹明樱蛤、泥蚶、缢蛏、泥螺等软体动物为主，其次是鼠尾藻、孔石莼、石花菜等藻类，甲壳动物较少见。

册子岛动物资源主要有獐、麂、野猪、乌龟、中华鳖、蛇、鼠、飞禽等野生动物。

4.4.2　岛群海洋资源

1. 海洋渔业资源

金塘岛四周海水较浑浊，水质肥沃，饵料生物丰富，自然环境条件优越，是各种游泳生物繁殖、栖息、生长的优越场所，海洋生物资源丰富。金塘山岛近海出产大量的水产品，如鱿鱼、鲳鱼、墨鱼、带鱼等，其西北侧的小岛大鹏山岛的海瓜子，以其粒大、肉嫩、求鲜、壳薄而驰名江浙沪一带。金塘岛海域是定海最大的张网作业水域。根据2009年金塘岛水域渔业资源调查资料，金塘岛海域渔业资源种类有41种，其中鱼类21种、虾类12种、蟹类6种和其他类群2种。鱼类质量密度为47.51~92.5kg/km^2；虾类质量密度为6.07~17.71kg/km^2。而金塘北部区域开发建设中的沥港渔港开发项目，将建造渔船停泊和鱼货交易集散地良港，使之成为“十里渔港”；同时，建设渔港夜景工程、海鲜排档等配套项目，充分展示“渔、港、景”特色。

册子岛附近海域资源丰富。调查表明，张网渔获物出现的常见种有60种左右，是定海最大的张网作业水域，为鮸鱼、海蜇生长和繁育地。

2. 港口岸线资源

金塘岛及附近岛屿示范区范围内有两个港区，包括金塘港区和老塘山港区部分岸段。示范区海域有航门、水道9条，分别为金塘水道、册子水道、西堠门水道、沥港南口水道、螺头水道、金塘岛西侧油轮锚地、沥港港锚地、野鸭山锚地、七里屿锚地。

1）金塘港区

金塘港区位于舟山岛南部金塘岛周边海域，深水岸段可分为6处9段，总长22 500m。

金塘岛深水岸段。金塘岛深水岸线20 000m，分布在岛西、南、东三面，可分为7段，包括木岙岸段、大浦口岸段、上岙与张家岙岸段、小李岙与北岙岸段、东堠岸段。

木岙岸段呈近南北走向，北起小山，南至龙洞咀，长 4000m，10m 等深线间的宽度大于 3000m，水深多大于 10m，15m 等深线距岸约 800m。大浦口岸段呈东南至西北走向，介于大浦口与长鼻咀（外湾山咀）之间，20m 等深线距岸 300m 左右。上岙与张家岙岸段呈西南至东北走向，港池为金塘水道北侧深槽，20m 等深线距岸 50~300m，由西南老牛岗山嘴至东北宫山南，总长约 6000m。小李岙与北岙岸段呈近南北走向，北起北岙东，南至宫山，总长约 5500m，20m 等深线距岸 200~400m。东堠岸段位于东堠、西堠平原沿岸，岸线总长 2500m。10m 等深线距岸 200~500m，20m 等深线距岸较近。港池为西堠门，水深多大于 20m。

大鹏山深水岸段。大鹏山深水岸段位于岛西侧，埠头山咀向北长约 1500m，向东南长约 1000m，大于 20m 水深的宽度约 1000m，20m 等深线距岸 200~1000m。

金塘港域内船舶可由金塘水道或西堠门水道直接进出。金塘沥港原是小型船只的避风港，大型船舶可在七里屿锚地、金塘锚地、野鸭山锚地等处锚泊、避风。

2）老塘山港区部分岸段

老塘山港区位于舟山本岛西部和西南部海域，深水岸段共有 6 处 9 段，总长约 20 000m，其中富翅山、里钓山、外钓山、册子山深水岸段处于金塘岛及附属岛屿示范区。

富翅山、里钓山、外钓山深水岸段。富翅岛深水岸线位于岛西南岸，长约 1000m，港池为桃夭门，水深大于 20m，10m 等深线距岸约 150m。里钓山深水岸线位于岛西岸，长约 1000m，港池为富翅门，水深多大于 20m，20m 等深线距岸约 150m。外钓山深水岸线位于岛西南段，长约 1000m，20m 等深线距岸约 100m，港池为册子水道北缘。

册子山深水岸段。岸线总长 23854m，深水岸段位于岛的东南、南和西南，可利用岸线 5000m，前沿 20m 等深线距岸 100~500m。

老塘山港域内大型船舶可经舟山港主航道虾峙门、螺头水道、册子水道进出，沿线助航标志完善。中小型船舶可经西堠门进出杭州湾海域，船舶可在液压山锚地、马峙锚地等锚泊、避风。

3. 旅游资源

金塘岛最高峰仙人山，因其古老的神话和秀丽的风景，成为当地的旅游景点。根据金塘岛发展现状，岛内产值对比，岛内原生态环境的利用，旅游发展策略、投资规划及未来经济发展等，要把金塘岛仙人山打造成“宁波的后花园，舟山的会客厅”。金塘岛北面的海面上，耸立着五座小岛，总称五屿，是舟山群岛中著名的鸟岛。

大鹏山，此悬水岛因其相对封闭而保存了大量的原始风貌。大鹏山四面环海，树木葱郁，鸟语花香，引人入胜。大鹏山境内有大批明清时代古建筑，岛上共有 5 个村落，村村都有百年以上的古民居建筑群，规模较大的有胡家、刘家、金家、杨家、沈家等大宅。适宜开发建设古居民专题旅游区、山地生态别墅度假村等旅游项目。岛上遗留大批的古民居建筑，是海岛地区少有的明清建筑群，拟开发系列仿古文化、民俗文艺、度假村等旅游项目，以展示舟山活的“古文化和民俗文化”，打造海岛地区古村落旅游区。岛上风光秀美，气候宜人，素有“海上周庄”之美誉。大鹏岛可供开发的旅游项目极多，既有海上日出的绚丽，也有潮涨潮落，万马奔腾的壮观；既有深山幽林的自然恬静，也有跨海大桥的气势磅礴。

4. 海洋可再生能资源

金塘岛年平均风速 5.2m/s，最大风速 34.4m/s，年有效风能时数约 6000h，年有效风能约 1700（kW·h）/m^2。金塘水道的潮流能平均功率密度在 20（kW·h）/m^2 以上，开发环境和条件好。

册子岛上年有效风能为 732（kW·h）/m^2。海域潮流能资源较丰富。册子岛潮流能平均能流密度为 0.81kW/m^2。西堠门的潮流能平均能流密度为 3.47kW/m^2。

4.4.3　生 态 状 况

国家海洋局第二海洋研究所于 2007 年 8 月、2008 年 4 月、2009 年 4 月和 8 月在金塘岛邻近海域做了生态调查。

1. 叶绿素 a

根据 2009 年春季、夏季的调查数据[①]，示范区海域叶绿素含量较低，夏季调查海域叶绿素 a 浓度分布范围大潮期间为 0.36~0.89μg/L，平均值为 0.67μg/L；小潮期间为 0.52~0.89μg/L，平均值为 0.71μg/L。春季调查海域叶绿素 a 浓度分布范围大潮期间为 1.61~2.19μg/L，平均值 1.83μg/L；小潮期间为 0.41~1.42μg/L，平均值为 0.95μg/L。

2. 浮游植物

经鉴定，2007 年秋季项目研究范围所在海域共有浮游植物 3 门 29 属 59 种。其中，硅藻门 19 属 41 种；甲藻门 9 属 17 种，裸藻门 1 属 1 种。大潮期间浮游植物细胞丰度在 2.6×10^3~13.3×10^3 个/m^3，平均细胞丰度为 5.18×10^3 个/m^3。小潮期间规划项目附近海域浮游植物细胞丰度在 4.2×10^3~144.0×10^3 个/m^3，平均细胞丰度为 42.03×10^3 个/m^3。大潮期间，浮游植物优势种为琼氏圆筛藻和星脐圆筛藻，小潮期间，浮游植物优势种为中肋骨条藻。

2008 年春季，共有浮游植物 4 门 14 属 33 种。其中，硅藻门 8 属 24 种，甲藻门 4 属 7 种，绿藻门和裸藻门各 1 属 1 种。大潮期间浮游植物细胞丰度在 212×10^3~1780×10^3 个/m^3，平均细胞丰度为 955×10^3 个/m^3。小潮期间浮游植物细胞丰度在 54×10^3~2807×10^3 个/m^3，平均细胞丰度为 1287×10^3 个/m^3。大潮期间浮游植物优势种为琼氏圆筛藻和星脐圆筛藻，小潮期间浮游植物优势种为中肋骨条藻。

3. 浮游动物

2007 年秋共发现浮游动物 14 大类 52 种，其中浮游幼体和桡足类最多，分别有 17 种和 12 种，其次为水母类，共有 10 种。大潮时生物量平均值为 30.47 mg/m^3，密度为

① 国家海洋局第二海洋研究所. 2009. 舟山外钓岛光汇环评报告

28.90 个/m^3；秋季小潮时生物量平均值为 22.82mg/m^3，密度为 27.01 个/m^3。大潮时浮游动物种类多样性指数平均值为 2.180，均匀度的平均值为 0.743，分布较均匀。小潮时多样性指数平均值为 1.629，均匀度指数平均值为 0.685。

2008 年春季共发现浮游动物 15 大类 44 种，其中桡足类种数最多，有 11 种；其次为水母类和浮游幼体，分别有 10 种，其他类共有 13 种。大潮时生物量平均值为 261.81 mg/m^3，密度 201.03 mg/m^3；小潮时生物量平均值为 21.25mg/m^3，密度为 20.46mg/m^3。大潮浮游动物种类多样性指数平均值为 1.412，均匀度平均值为 0.554；小潮多样性指数平均值为 1.125，均匀度指数平均值为 0.491。

研究海域浮游动物主要优势种类为真刺唇角水蚤、虫肢歪水蚤、火腿许水蚤、华哲水蚤、球形侧腕水母、长额刺糠虾、背针胸刺水蚤等近岸低盐或半咸水河口种类组成。

4. 底栖生物

2007 年秋季，共鉴定出 15 种大型底栖生物。各类群分别为：多毛类 8 属 8 种；软体动物 2 属 2 种；甲壳类 5 属 5 种。底栖生物平均生物量为 0.81g/m^3，平均栖息密度为 75.83 个/m^3。调查海区底栖生物主要为多毛类，其他类动物栖息密度和生物量较低。

2008 年春季，共鉴定出 11 属 11 种大型底栖生物。各类群分别为：多毛类 9 属 9 种；软体动物 2 属 2 种，底栖生物平均生物量为 1.51 g/m^3，平均栖息密度为 150.75 个/m^3。

金塘岛附近海域底栖生物以多毛类动物的种类分布为主，如不倒翁虫、异足索沙蚕、多鳃卷吻沙蚕、双鳃内卷齿蚕、小头虫、长吻吻沙蚕等，各站位的底栖生物生物量分布普遍较低，且呈分布不均匀的特点。底栖生物种类多样性指数属于较低水平，并且分布不均匀。多样性平均值为 0.830，底栖生物均匀度的平均值为 0.775，底栖生物分布不均匀。

5. 潮间带生物

金塘岛附近（二条潮间带断面）共鉴定出潮间带生物 35 属 37 种，其中多毛类 11 属 l2 种；软体动物 14 属 15 种；甲壳类 6 属 6 种；鱼类 4 属 4 种。主要种为泥螺、短滨螺、珠带拟蟹守螺、异足索沙蚕、双鳃内卷齿蚕、长足长方蟹等。潮间带平均生物量为 40.58g/m^3，平均栖息密度为 144 个/m^3。生物量和密度组成以软体动物和多毛类为最高。其他类生物量和栖息密度则很低。调查区域潮间带生物种类多样性指数较高，且分布较均匀。春季，潮间带生物多样性指数平均值为 2.868。均匀度的平均值为 0.908，潮间带生物分布相对均匀。

4.4.4　环境状况

国家海洋局第二海洋研究所于 2007 年 8 月、2008 年 4 月在金塘岛邻近海域进行了环境质量调查，共设置了 20 个海域调查站位。

1. 海水水质现状

示范区海域水质评价执行《海水水质标准》（GB3097—1997）中的第二类标准，采用环境质量单因子评价标准指数法进行海域水质的现状评价，如果评价因子的标准指数值>1，则表明不能满足该海水功能区的要求。反之，则表明该因子能满足海水功能区的要求。调查数据结果表明：春、秋两季金塘岛邻近海域除无机氮、活性磷酸盐超标严重外，其余各因子各站位标准指数均≤1，可达到二类水质要求。春季大、小潮期间无机氮超标率 100%。春季大、小潮期间磷酸盐超标率分别为 94%和 77%；秋季大、小潮期间磷酸盐超标率分别为 96%和 100%。可以看出金塘岛邻近海域已出现富营养化现象，这可能与沿岸流带来的大量营养盐污染物有关。

2. 沉积物环境

示范区海域沉积物现状评价相应的执行《海洋沉积物质量》（GB18668—2002）中的一类标准，采用单项评价因子标准指数法。各项沉积物污染因子标准指数均<1，表明沉积物各项污染因子均满足相应标准要求。

4.4.5 社会经济状况

金塘岛及附近岛屿的主要社会经济活动集中在 3 个有人岛屿，即金塘岛、册子岛和大鹏山岛。

1. 金塘岛社会经济发展

金塘以岛建镇，位于舟山群岛西南部，东隔册子水道，经西堠门大桥与册子岛相连，南为金塘水道与宁波市北仑区隔海相望，相距 3.5km。西有金塘大桥与宁波市镇海区相连，北连灰鳖洋，是北往上海、青岛，南达温台、闽粤之必经航路。东距舟山本岛最近岸线 6.25km。

金塘镇拥有 60.32km 的海岸线，其中可供开发的深水岸线约 14.5km。共有大小岛屿 12 座，陆域面积 84.2km^2，其中耕地面积 11.47km^2，山林面积 5.23km^2，企业 781 家，辖 12 个社区（村）。2013 年，金塘岛总户数 16 187 户，总人口 40 121 人，农业总产值 3.04 亿元，工业总产值 40.86 亿元。

金塘岛历史上是舟山的产粮区，是舟山附近岛屿中第一个粮食自给岛。金塘盛产李子，金塘李是浙江省十大传统名果之一，闻名全国。金塘李基地建设工程是省级现代农业生产发展资金项目，位于金塘大桥接线——化成寺水库大桥两侧，规划基地面积 1000 亩（1 亩≈667m^2），其中金塘李种植带 500 亩。基地将建成 2 个休闲观光亭、1 个金塘李资料馆、4000m 上山采收便道及交易中心等基础设施。基地将以生态旅游为出发点，建成集生产、销售、示范、休闲于一体的金塘李特色产业基地，同时形成连片 1.5km 的金塘李栽培产业带。

金塘镇是舟山市工业重镇之一。工业经济发展迅猛，初步形成了塑机螺杆、船舶修造、塑料化工、针织机械、建筑材料和服装加工等门类齐全，富有特色的工业体系和产业群体，特别是塑机螺杆产量占全国的 70%左右，成为全国最大的塑机螺杆产业和出口基地，被称为“中国螺杆之乡”。

自 2010 年 7 月金塘大浦口集装箱码头投产试运行以来，金塘岛港口物流业发展迅速，2013 年金塘大浦口集装箱码头完成吞吐量 55.48 万标准箱（TEU），已累计吞吐量突破 100 万 TEU，开辟至俄罗斯、西非、东非等方向 9 条国际航线。

2. 册子岛社会经济发展

册子以岛建乡，位于定海区西北部，区域面积 14.3km^2，距城区 18km，距宁波北仑 19km。全乡东有桃夭门大桥、响礁门大桥、岑港大桥三座大桥连接岑港镇，南临横水洋，西有西堠门大桥连接金塘镇，北濒灰鳖洋。拥有海岸线 23.75km，册子港口对外开放口岸，海运直达上海、广东等沿海港口。

2013 年，册子岛总户数 1511 户，总人口 3908 人。册子岛经济主要以临港工业为主。船舶修造业是支柱产业，主要有浙江正和造船有限公司、舟山南洋之星船业有限公司等大中型船舶修造企业 5 家。除了船舶工业，册子岛南侧还建有一座全国大型原油储藏运输中转站——中石化册子岛原油中转油库，它是中石化集团“甬沪宁原油运输管网工程”的重要组成部分，承担着岙山来油、码头中转及向甬沪宁管道外输的任务，为上海、南京等全国各炼油厂提供油源。油库投产于 2006 年 2 月，截至 2014 年，已建成一座 30 万 t 级原油码头以及 205 万 m^3 的储油罐，设计原油最大年接卸能力为 2300 万 t，是目前舟山口岸进口量最大的油品中转基地。

舟山跨海大桥贯通后，册子乡经济结构全面升级。册子岛以打造生态、富裕、和谐为主线，依托册子岛的区位优势，充分挖掘整合册子岛的港口、旅游、土地等资源，积极发挥跨海大桥积极效应，使得工业经济增势强劲，第三产业优势明显，农业、渔业得到稳步发展。2012 年，册子乡社会总产值 46.6 亿元，年均人收入达到 18 807 元，比跨海大桥未开通时的 2006 年增加了 2.5 倍。目前册子岛已经成为定海区乃至舟山市海洋经济发展的一匹黑马，并一跃跻身全市工业强镇行列。未来，册子岛将对接舟山新区发展，紧紧依托跨海大桥效应，重点打造“一带两区”和五大基地。一带两区——临港产业带、旅游服务区、中心村生活区；五大基地——船舶修造产业基地、油品储运中转基地、大型码头集散基地、对外门户开放基地、旅游开放基地。

3. 大鹏山岛社会经济发展

大鹏山岛居民主要从事农业，兼营海运业。到 1996 年有村办船厂 1 家，个体私营企业 7 家，商铺 8 家。大鹏山岛工业以修造船为主。在东南岸渡口附近建有船厂一家，为金塘镇第二大船舶修造企业。拥有同时容纳 2 艘万吨级船舶修理的长 130m、宽 43m、深 8m 的干船坞座。大鹏山岛耕地面积 0.80km^2，主要生产瓜果和优质蔬菜。山林面积 2.51km^2，森林覆盖率 47.3%，活立木蓄积量 6537km^2。果园 0.18 km^2，其中黄花梨 0.042 km^2、文旦 0.013 km^2、金塘李 0.03 km^2。

第5章 金塘岛及附近岛屿综合承载力的单要素评估

金塘岛及附近岛屿综合承载力的单要素评估的主要内容包括三个方面，即资源供给能力评估、生态支持能力评估和海洋环境质量评估。

5.1 资源供给能力评估

岛群区域的资源供给能力评估首先需要考虑社会需求和产业定位。若岛群区域的产业定位较为单一，则需要采用单要素资源供给能力评估技术。若岛群区域的产业定位多样化，其产业发展涉及多种资源，则需要构建综合评价指标体系，统筹考虑多种资源的供给能力，进行综合评价。

5.1.1 金塘岛及附近岛屿社会经济发展对资源的需求

金塘岛及附近岛屿社会经济发展对资源的需求在近年来浙江省、舟山市海岛开发利用的相关规划中有较为明确的表述。这些相关规划主要包括全国海洋经济发展“十二五”规划、全国海岛保护规划、浙江舟山群岛新区发展规划等。综合一系列规划相关表述，金塘岛及附近岛屿的发展定位主要是港航物流岛群。金塘岛和册子岛有小部分面积为张网捕捞区。册子岛建造30万t级原油泊位一个。

1. 全国海洋经济发展“十二五”规划

2012年9月国务院颁布实施的《全国海洋经济发展“十二五”规划》，在第四节“加强海岛开发与保护”中规定：根据国家区域发展总体战略，统筹考虑海岛的区域条件、发展潜力和生态环境容量，重点开发浙江舟山群岛新区……浙江舟山群岛新区重点发展港口物流业、高端船舶和海洋工程制造业、海洋可再生能源业、现代海洋渔业和海洋旅游业，集中建设战略性资源储备中转基地、大宗商品国际物流基地，将其打造成为我国大宗商品国际储运中转加工交易中心、东部地区重要的海上开放门户、海洋海岛综合保护开发示范区、重要的现代海洋产业基地、陆海统筹发展先行区。

2. 全国海岛保护规划

2012年4月19日由国家海洋局正式发布实施的《全国海岛保护规划》，在“四、海岛分区保护”中规定：完善舟山岛定海西码头、沈家门等中心渔港的配套设施建设；支持港口航运、物流及临港工业发展；支持舟山群岛新区建设。

3. 浙江省重要海岛开发利用与保护规划

2011 年 8 月浙江省政府发布《浙江省重要海岛开发利用与保护规划》，其中在“四、分类导向与发展布局”中规定：金塘岛、册子岛发展方向定位为港口物流岛。

4. 浙江舟山群岛新区发展规划

2013 年 1 月 23 日国务院正式批复的《浙江舟山群岛新区发展规划》，在“第三节、积极构筑五大功能岛群”中规定：金塘港航物流岛群以金塘岛为核心，包括册子岛、外钓山岛等。重点发展以国际集装箱中转、储运和增值服务为主的港口物流业，打造油品等大宗商品中转储运基地，建设综合物流园区。

在“第四章，第一节　建设世界一流的大宗商品国际枢纽港”中规定：重点开发衢山、大长涂、六横、金塘、大洋山和舟山岛北部等岸线，建设面向全球的深水化、专业化、规模化港区，推进宁波-舟山港一体化建设。

“在第四章，第二节　全面提升大宗商品储运中转加工能力”中规定：在金塘、……规划建设物流园区。规划建设金塘等集装箱码头。

5. 舟山海洋功能区划

《舟山海洋功能区划》中规定：金塘港口区西南岸线可安排滨海工业和宁波北仑港相配套的港口项目；东南岸线，可作为建设大型集装箱作业区的备用岸线。

金塘水道航道区介于金塘岛与穿山半岛北侧之间，东连册子水道，西接甬江口，与北仑港为同一水域，航道宽阔，水深 20~91m，是各类船舶进出宁波、北仑、定海港的安全通道。

册子水道航道区北端紧连西堠门、孤茨航门，南接螺头水道，东邻西蟹峙水道。航道开阔，水深 20~91m，可供 2.5 万 t 级船舶进出。

舟山种植业区总面积约 340m^2，主要位于舟山市的中南部，包括金塘岛、……册子岛、……金塘岛为粮食作物种植区。金塘岛兼具李子等果木区。

舟山市定海区有张网捕捞区 7 个，其中金塘岛西张网区面积 750hm^2，册子岛西北张网区面积 800hm^2。

6. 舟山市的土地利用总体规划

《浙江省舟山市土地利用总体规划》中规定：定海区金塘岛发挥港口岸线优势建设成为国际化、现代化的“集装箱物流岛”。册子岛港区为甬沪宁原油管线上的重要节点。现建有船厂 15 万 t 级舾装码头一个、30 万 t 级原油码头泊位一个。规划建设船坞和修造船厂一个，预留 30 万 t 级原油泊位一个。金塘岛及周边的大鹏山、鱼龙山、横档山等岛屿规划期内全面实施港、桥、岛一体化战略，全力推进深水岸线开发，重点发展大型集装箱运输为主的现代港口物流业和临港产业，建设成为上海国际航运中心重要组成港，西太平洋地区国际集装箱转运中心之一，环杭州湾产业带重要的港口物流基地和先进制造业基地。同时，积极推进西堠工业集聚区和金塘北部临港产业区块建设，发展机械、装备制造等特色临港工业。

5.1.2　金塘岛及附近岛屿资源供给能力评估

金塘岛及附近岛屿的发展定位主要是港航物流岛群，其资源供给能力则主要体现在海洋交通资源对未来港口经济发展的支撑能力上。根据《舟山市金塘岛总体规划（2009—2020）》中的 2020 年经济发展目标，金塘岛到 2020 年港口物流业保持快速发展，集装箱吞吐量达到 700 万标箱。因此，评价金塘岛及附近岛屿资源供给能力也就是评价金塘岛及附近岛屿港区交通资源能否承载未来港区物流业的发展目标。对金塘岛及附近岛屿资源供给能力的评价采用港区交通承载力评估模型。

1. 港区交通资源承载力评价结果及分析

计算金塘岛及附近岛屿港区的交通资源承载力时，首先，以港区 2012~2015 年的历史数据为基础，将计算结果与实际情况进行对比分析，检验模型的可靠性。其次，采用情景分析法，根据《舟山市金塘岛总体规划（2009—2020）》确定的 2020 年货物吞吐量目标值（工况 2）作为预警模型的压力指标，并与该预测数据基础上分别提高 15%和降低 15%，形成工况 1（货物吞吐量高增长情景）和工况 3（货物吞吐量低增长情景）2 种货物吞吐量的发展预测情景，对该港口 2020 年的不同经济发展状况下的港口交通资源承载力作出预测预警。这三种工况是指未来不同经济发展状况（体现为港口货物吞吐量的增长速度）下港口交通资源的承载力状况，因此，从工况 1、工况 2 到工况 3，体现的是在未来港口货物吞吐量高、中、低 3 个不同的增长速度下的资源承载力状况。

1）航道资源承载力指数计算

在计算金塘岛及附近岛屿港区航道货物通过能力时，需将第 2 章中式(2.5)和式(2.6)进行简化。简化后的形式为

$$T = R_1 D \tag{5.1}$$

式中，T 为航道年货物通过能力（t）；R_1 为航道实际交通容量（艘）；D 为标准船型平均载重（t）。

金塘岛及附近岛屿港区包括金塘港区（金塘岛）和老塘山港区（主要包括册子岛、富翅岛、里钓山岛、外钓山岛）（国家海洋局第二海洋研究所、舟山港务管理局编著，2005），港区共有 9 条航道，即：金塘水道、册子水道、西堠门水道、螺头水道等[①]。

经过金塘水道和册子水道的船舶都需经过虾峙门口外航道，经虾峙门、峙头洋、螺头水道到达[①]。因此，可近似用通过虾峙门水道的船舶估计金塘港区和老塘山港区的船舶通过数。根据实地调查，虾峙门船舶流量平均每天约 120 艘次[①]。因此，可近似 2012~2015 年虾峙门船舶流量平均每天约 120 艘次。根据预测（罗松森等，2007），2020 年通过航道船舶日最大流量约 367 艘次。

因此，2012~2015 年港区航道每年实际通过的船数 R 可近似为 43800 艘，2020 年港区航道实际通过的船数可近似为 133 955 艘。

① 舟山港务管理局. 2006. 舟山巷道和锚地专项规划.

标准船型平均载重D，可采用舟山地区集装箱平均载重近似估计。2013 年定海海运运输船舶共计 524 艘，总计净载质量为 211 万 t[①]，则平均每艘船的净载质量为 4027t。

港区年货物吞吐量T_0。金塘岛及附近岛屿港区货物吞吐量主要是集装箱吞吐量。2012 年金塘港区货物吞吐量为 685.74 万 t，集装箱吞吐量为 47.9 万 t。2013 年，金塘港区集装箱吞吐量为 55.48 万 TEU，按 1 个集装箱配货 17.5t 计算，全年货物吞吐量为 970.9 万 t。2014 年集装箱吞吐量为 72.9 万 TEU，港口货物吞吐量 1263 万 t。2015 年集装箱吞吐量为 78.1 万 TEU，港区货物吞吐量 1600 万 t[②]。

根据式（5.1）及所收集港区年货物吞吐量T_0、标准船型平均载重D以及港区航道每年实际通过的船数R_1的收据，应用第 2 章式（2.6）和式（5.1）可计算得到金塘岛及附近岛屿港区航道资源承载力指数I_h（表 5.1）。

由表 5.1 可知，2012~2015 年以及 2020 年的三种工况航道资源承载力指数都小于 0.6，为绿色预警级别，处于弱载状态，航道通行畅通，服务水平高。

表 5.1　航道资源承载力指数

年份	工况	T_0/万 t	I_h
2012		685.74	0.0389
2013		970.9	0.0550
2014		1263	0.0716
2015		1600	0.0907
	1	14 087.5	0.2612
2020	2	12250	0.2271
	3	10 412.5	0.1930

2）锚地资源承载力指数计算

在计算金塘岛及附近岛屿港区锚地承载力时，需将第 2 章中式（2.7）和式（2.8）进行简化。简化后的形式为

$$I_m = \frac{A_{0,j}}{lA_{1,j}} \tag{5.2}$$

金塘岛及附近岛屿港区主要锚地包括金塘锚地、野鸭山锚地、七里屿锚地。其中，金塘锚地面积 9.36km^2，容量为 21 艘 3.5 万 t 级船舶。野鸭山锚地面积 6.56km^2，容量为 13 艘 3.5 万 t 级船舶。七里屿锚地面积 7.4km^2，是小于 0.5 万 t 级锚地[③]。因此，实际可用锚地面积$A_{1,j}$采用三处锚地面积之和，即：19.92km^2。

锚地面积利用率l采用 0.6（廖康佳，2015）。

需求面积$A_{1,j}$可采用以下公式计算：

$$A_{0,j} = S_0\ n \tag{5.3}$$

① 舟山市定海区统计局. 2014. 定海统计年鉴 2013.
② 舟山群岛新区金塘管理委员会金塘年鉴. 2013~2015.
③ 舟山港务管理局. 2006. 舟山巷道和锚地专项规划.

式中，S_0 为单船锚泊所需面积；n 为港区所需锚位数量。

单船锚泊所需面积 S_0 可由锚地总面积与锚地容量之比得到，即：0.468 235km^2，即 468 235km^2。

港区所需锚位数量 n 可由以下公式得到（徐利斌，2005）：

$$n=\frac{qK_Bt}{30G} \tag{5.4}$$

式中，q 为月平均货物吞吐量，t；K_B 为港区不平衡系数。港区不平衡系数是指在一定时期内，年内、各月的最大运输量与同期平均运输量的比值，又称为“波动系数”。不平衡系数是反映货流在时间上不均衡状况的指标；G 为船舶载重量，t。

月平均货物吞吐量 q 可根据各年港区吞吐量值得到。

船舶载重吨 G 采用舟山市定海区的海运情况近似估算。2013 年定海海运运输船舶共计 524 艘，净载质量为 211 万 t，平均每艘船的净载质量为 4027t。取船舶载重吨 G 为 4027t。[①]

港口不平衡系数=一年中月最大吞吐量/一年月平均吞吐量。港口不平衡系数可采用舟山港 2015 年数据进行估计。2015 年舟山港月最大吞吐量为 3695.40 万 t（舟山市统计局和国家统计局舟山调查一队，2016），全年月平均吞吐量为 3160.41 万 t。因此，港区不平衡系数取 1.17。

根据第 2 章中式（2.7）~式（2.9）以及所收集的锚地需求面积 $A_{0,j}$、实际可用锚地面积 $A_{1,j}$ 以及锚地面积利用率 l，可计算得到金塘岛及附近岛屿港区锚地资源承载力指数 I_m（表 5.2）。

表 5.2　锚地资源承载力指数

年份	工况	T_0/万 t	I_m
2012		685.74	0.543
2013		971	0.768
2014		1263	0.999
2015		1600	1.266
	1	14 087.5	11.146
2020	2	12250	9.693
	3	10 412.5	8.239

由表 5.2 可知，2012 年锚地资源承载力指数为 0.543，小于 0.75，为绿色预警级别，处于弱载状态，锚地面积完全满足船舶的锚泊要求，锚地富余面积大。2013 年锚地资源承载力指数为 0.768，处于 0.75 和 0.85 之间，为黄色预警级别，处于适载状态，锚地面积满足锚泊船舶的需求，有一定的锚地富余面积。2014 年、2015 年以及 2020 年工况 1、工况 2、工况 3 的锚地资源承载力指数都大于 0.95，都处于红色预警级别，处于超载状态，锚泊船舶严重拥挤，出现船舶无处锚泊现象。

① 舟山定海区统计局. 2016. 定海统计年鉴 2015.

3）港区码头泊位资源承载力指数及基于港区码头泊位服务强度的锚地综合承载力指数计算

根据第2章中式（2.9）~式（2.12）计算港区码头泊位资源承载力指数。

港区码头泊位数量 C=11①。

2012~2015年港区每天到港船舶的平均数量 λ 和每天一个泊位服务完毕的船舶数量 μ，采用舟山港航局提供数据（表5.3）。

表5.3　金塘岛及附近岛屿港区到港船舶及服务能力

年份	λ/艘	μ/艘
2012	3.80	0.43
2013	4.74	0.6088
2014	5.25	0.8
2015	4.45	1.0033

数据来源：舟山港航局提供。

2020年的 λ 和 μ 则根据历史数据估计得到。按2015年的到港船舶估算2020年的到港船舶数量。则当2020年吞吐量为12 250万t时（工况2），全年到港船舶12 277.84艘，每天平均到港船舶34.11艘。当吞吐量为14 087.5万t时（工况1），每天平均到港船舶39.22艘。当吞吐量为10 412.5万t时（工况3），每天平均到港船舶28.99艘。根据表5.3中 μ 的发展趋势，预测估计2020年港区平均每天一个泊位服务完毕2艘船舶。

根据表5.3及对2020年港区 λ 和 μ 的预测值，港区码头泊位数量，应用式（2.9）~式（2.12），可得到港区码头泊位服务强度 ρ。进而，根据式（2.13）~式（2.15），可计算得到基于港区码头泊位服务强度的锚地综合承载力指数I（表5.4）。

表5.4　港区码头泊位服务强度

年份	工况	T_0/万t	ρ	M/艘	W/d	I
2012		685.74	0.8034	1.5012	0.3950	0.047065
2013		970.9	0.7078	0.4868	0.1027	0.003967
2014		1263	0.5966	0.1202	0.0229	0.000218
2015		1600	0.4032	0.0044	0.0010	0.000000
2020	1	14087.5	1.7827	0.9512	0.0243	0.001831
	2	12250	1.55	1.5163	0.0445	0.005350
	3	10412.5	1.3177	3.3245	0.1147	0.030258

由表5.4可知，2012~2015年，港区码头泊位的服务强度 ρ 都小于1，处于绿色预警级别，处于弱载状态，这一时期属正常运营，较少出现船舶排队等待现象，平均排队船舶数和排队时间都很小。2020年，港区码头泊位的服务强度 ρ 大于1，处于红色预警级别，处于超载状态，产生无限排队现象或排队等待船舶数量较大。

① 舟山港航网. 2016. 3000吨级以上泊位统计表, http://port.zhoushan.gov.cn/GK003GK001.html [2016-10-5].

若满足2020年金塘岛及附近岛屿港区发展需要，则至少仍需要增加6个3.5万t级港区码头泊位。

2. 计算结果分析

从金塘岛及附近岛屿港区历年的航道承载力指数可看出，航道资源不是未来港区物流经济发展的瓶颈因素。

从港区历年的锚地资源承载力指数可看出，锚地资源承载力是港口交通资源承载力的瓶颈。自2014年后，锚地资源始终都是处于不足状态。未来，锚地资源也将是港区交通物流经济发展的瓶颈因素。

从港区码头泊位承载力指数可看出，2012~2015年，港区码头泊位数量能够满足需求。2020年泊位数量难以满足经济发展需求，其主要原因是泊位数量不足。若满足2020年港区发展需要，则至少需要新增加6个3.5万t级港区码头泊位。

5.2 金塘岛及附近岛屿海域环境质量评估

5.2.1 金塘岛及附近岛屿海域功能定位和执行的环境质量标准

根据金塘岛及附近岛屿港航物流岛群的发展定位，参照《海水质量标准》（GB3097—1997）、《海洋沉积物质量》（GB18668—2002）、《海洋生物质量》（GB18421—2001），在金塘岛以北、册子岛西南方向（图5.1），有海域面积为1550hm^2的张网捕捞区。这部分海域应满足第一类海水水质标准。金塘岛及附近岛屿其余海域应满足第四类海水水质标准。

5.2.2 示范区海域水环境调查结果

1. 监测及补充监测时间、范围及调查频次

2014年7月和11月，国家海洋局第二海洋研究所对金塘岛及附件岛屿海域进行了夏季和秋季海洋生态环境调查。本次调查共设11个大面站（图5.2，表5.5）。其中海域环境质量调查包括海水水质、沉积物环境质量调查。

2. 监测项目

海域环境质量调查开展了海水水质及沉积物环境质量调查。海水水质调查的指标主要包括：透明度、水色、水深、水温、盐度、pH、油类、总汞、铜、铅、镉、锌、总铬、砷、化学耗氧量、溶解氧、活性磷酸盐、无机氮、悬浮物。沉积物环境质量调查的指标主要包括：石油类、总汞、铜、铅、镉、锌、总铬、砷、有机质。

3. 监测、分析方法及监测结果

海洋环境调查过程中的样品采集、储存、运输、预处理及分析测定过程均按《海洋调查规范》（GB12763—2007）和《海洋监测规范》（GB17378—2007）中的要求进行，

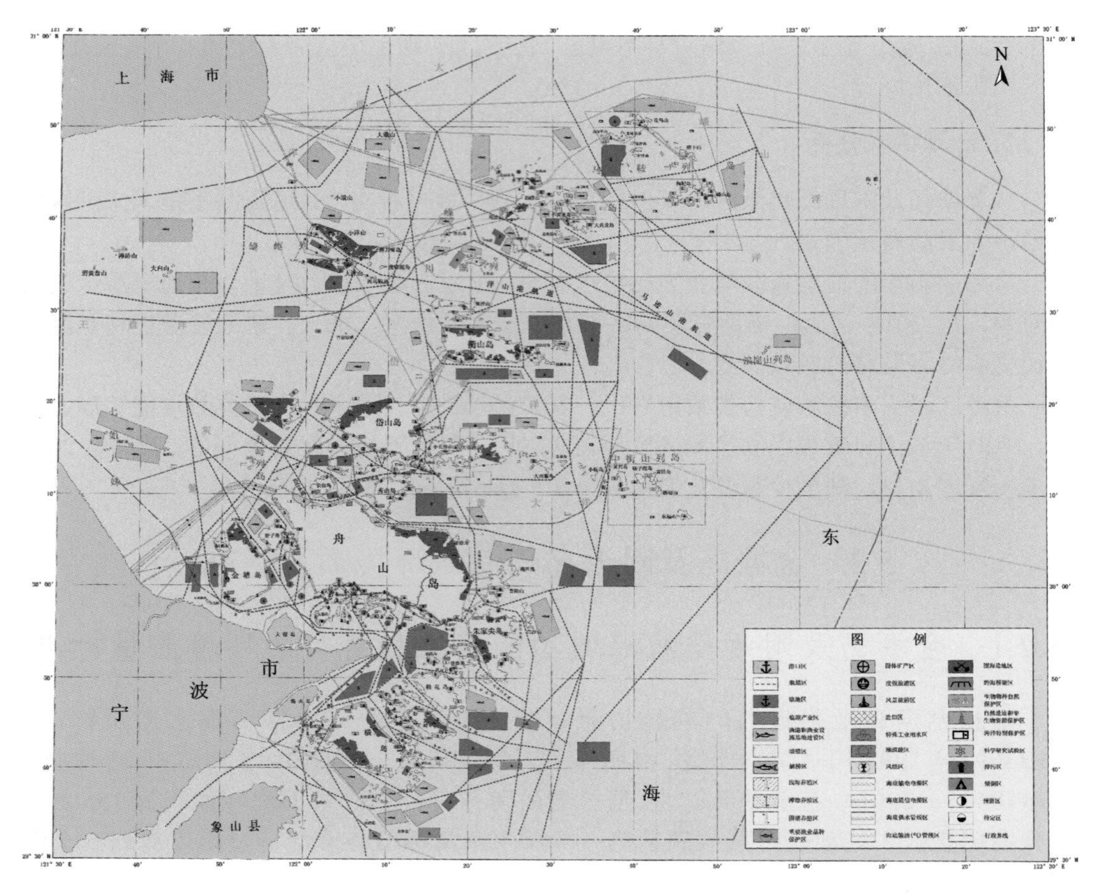

图 5.1 舟山市海洋功能区划

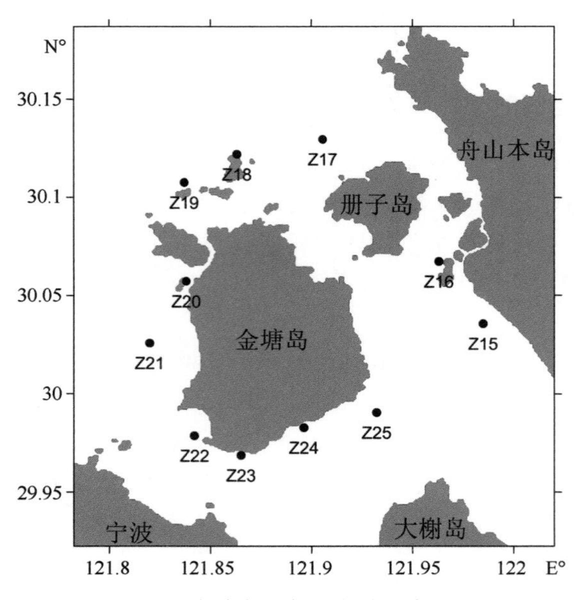

图 5.2 金塘岛及邻近海域调查站位

表 5.5　金塘岛及邻近海域调查站位坐标及调查项目

站位	东经	北纬	调查项目
Z15	121°59.100′	30°02.137′	水质、沉积物、生物生态
Z16	121°57.780′	30°4.029′	水质、沉积物、生物生态
Z17	121°54.334′	30°7.768′	水质、沉积物、生物生态
Z18	121°51.790′	30°7.310′	水质、沉积物、生物生态
Z19	121°50.222′	30°6.455′	水质、沉积物、生物生态
Z20	121°50.279′	30°3.428′	水质、沉积物、生物生态
Z21	121°49.194′	30°1.543′	水质、沉积物、生物生态
Z22	121°50.530′	29°58.720′	水质、沉积物、生物生态
Z23	121°51.910′	29°58.120′	水质
Z24	121°53.770′	29°58.970′	水质、沉积物、生物生态
Z25	121°55.933′	29°59.43′	水质、沉积物、生物生态

各调查项目所采用的测试方法及检出限根据《海洋调查规范》（GB12763—2007）和《海洋监测规范》（GB17378—2007）中的要求确定（表 5.6~表 5.8）。

表 5.6　海域水质调查项目分析方法

监测要素	监测方法名称	仪器名称	检出限	引用规范
透明度	透明圆盘法	透明度盘	—	
水色	比色法	水色计	—	
水温	表层水温表法	表层水温表	—	
盐度	盐度计法	盐度计	—	
pH	pH 计法	pH 计	—	
溶解氧	碘量法	溶解氧滴定管	5.3μmol/L	
化学需氧量	碱性高锰酸钾法	滴定管及电热板等	—	
悬浮颗粒物	重量法	电子天平	—	
亚硝酸盐	重氮-偶氮法	可见分光光度计	0.02μmol/L	《海洋监测规范》（GB 17378.4—2007）
硝酸盐	锌镉还原法	可见分光光度计	0.05μmol/L	
铵盐	次溴酸钠氧化法	可见分光光度计	0.03μmol/L	
活性磷酸盐	抗坏血酸还原磷钼蓝法	可见分光光度计	0.02μmol/L	《海洋调查规范》（GB/T 12763.4—2007）
活性硅酸盐	硅钼蓝法	可见分光光度计	0.1μmol/L	
石油类	荧光分光光度法	荧光分光光度计	1.0μg/L	
叶绿素 a	萃取荧光法	荧光计	—	
铜	无火焰原子吸收分光光度法	PE 原子吸收光谱仪	0.2μg/L	
铅	无火焰原子吸收分光光度法	PE 原子吸收光谱仪	0.03μg/L	
镉	无火焰原子吸收分光光度法	PE 原子吸收光谱仪	0.01μg/L	
总铬	无火焰原子吸收分光光度法	PE 原子吸收光谱仪	0.02μg/L	
锌	火焰原子吸收分光光度法	PE 原子吸收光谱仪	3.1μg/L	
汞	原子荧光法	原子荧光光度计	0.007μg/L	
砷	原子荧光法	原子荧光光度计	0.5μg/L	

表 5.7　海域沉积物调查项目分析方法

监测要素	监测方法名称	仪器名称	检出限	引用规范
有机碳	热导法	元素分析仪	3%	《海洋监测规范》（GB 17378. 5—2007）
石油类	荧光分光光度法	荧光分光光度计	1.0×10^{-6}	
铜	无火焰原子吸收分光光度法	PE 原子吸收光谱仪	0.5×10^{-6}	
汞	原子荧光法	原子荧光光度计	0.002×10^{-6}	
铅	无火焰原子吸收分光光度法	PE 原子吸收光谱仪	1.0×10^{-6}	
锌	火焰原子吸收分光光度法	PE 原子吸收光谱仪	6.0×10^{-6}	
镉	无火焰原子吸收分光光度法	PE 原子吸收光谱仪	0.04×10^{-6}	
总铬	无火焰原子吸收分光光度法	PE 原子吸收光谱仪	2.0×10^{-6}	
砷	原子荧光法	原子荧光光度计	0.06×10^{-6}	

表 5.8　水深及采样层次

水深范围/m	采样层次
≤10	表层
＞10	表层、底层

1）水质调查结果及分布特征

（1）透明度。调查海域 2014 年 7 月海水透明度的变化范围为 0.10~0.60m，平均值为 0.22m。2014 年 11 月海水透明度的变化范围为 0.05~0.15m，平均值为 0.08m。

（2）水色。调查海域 2014 年 7 月海水水色监测的变化范围为 19~21，水色的平均值为 20。2014 年 11 月海水水色监测均为 21。

（3）温度。调查海域 2014 年 7 月海水温度分布范围为 24.6~6.8℃，根据站位水深采样，分为表层和底层，全层平均值为 25.2℃。2014 年 11 月海水温度分布范围为 19.4~20.8℃，平均值为 20.3℃。

金塘岛及附近岛屿周边海域表层温度相对较高，分布范围为 25.0~26.8℃，最低值为 Z25 站，最高值为 Z21 站，平均值为 25.1℃。金塘岛东南部海域水温相对较低，高值区主要分布在金塘岛和册子岛西部与北部海域。

金塘岛与册子岛周边海域底层温度分布范围为 24.6~26.3℃，最低值为 Z25 站，最高值出现在 Z20 站。总体上该海域的水温相对较高，底层水温和表层的分布趋势类似。

（4）盐度。调查海域 2014 年 7 月海水盐度分布范围为 20.94~25.85，按水层分依次为表层和底层，全层平均值为 24.68。2014 年 11 月海水盐度分布范围为 16.31~21.71，平均值为 19.86。

金塘岛及附近岛屿周边海域表层盐度分布范围为 20.94~25.85，平均值为 24.17。最高值出现在 Z24 站，最低值为 Z20 站。相对舟山本岛，金塘岛及附近岛屿周边海域表层盐度均处于低值区，东南海域盐度相对较高。

金塘岛及附近岛屿周边海域底层盐度分布范围为 23.56~25.76，平均值为 25.19。最高值出现在 Z15 站，最低值为 Z19 站。底层盐度平均水平较表层盐度的稍高。低值区与表层盐度分布趋势相似，与舟山本岛相比该海域盐度亦处于较低水平。

（5）pH。调查海域 2014 年 7 月海水 pH 的分布范围为 7.92~8.13，按水层分，依次为表层和底层。平均值为 7.98。2014 年 11 月海水 pH 的分布范围为 8.05~8.08，平均值为 8.07。

金塘岛及附近岛屿周边海域表层 pH 分布范围为 7.92~8.01，平均值为 7.95。最低值和最高值分别出现在 Z21 和 Z17、Z18 站。金塘岛及附近岛屿周边海域北部海域 pH 较高，相比舟山本岛其 pH 分布范围处于低值区。

金塘岛及附近岛屿周边海域底层 pH 分布范围为 7.93~8.13，最低值为 Z6 站。平均值为 8.02。在 Z21~Z25 站均出现了较高的 pH，但是相对舟山本岛附近海域而言，金塘岛及附近岛屿周边海域的 pH 较低。

（6）溶解氧。调查海域溶解氧浓度的分布范围为 5.64~6.74mg/L，按水层分，依次为表层和底层，全层平均值为 6.28mg/L。

金塘岛及附近岛屿周边海域表层溶解氧分布范围为 5.64~6.80mg/L，平均值为 6.34mg/L。最高值为 Z21 站，最低值为 Z24 站。在该海域周边其溶解氧值均处于较高的水平，形成的高值区与舟山本岛的溶解氧高值区在北部交汇在一起。

金塘岛及附近岛屿周边海域底层溶解氧分布范围为 5.68~6.74mg/L，平均值为 6.23mg/L。最高值为 Z2 站，最低值为 Z24 站。金塘岛及附近岛屿西部底层海水溶解氧浓度较高，相比舟山本岛底层海水溶解氧浓度处于较低的水平。与表层溶解氧浓度相比，金塘岛及附近岛屿周边海域底层溶解氧浓度较低。

（7）化学需氧量。调查海域 2014 年 7 月海水化学需氧量浓度的分布范围为 0.40~1.80mg/L，按水层分，依次为表层和底层，全层平均值为 0.96 mg/L。2014 年 11 月海水化学需氧量浓度的分布范围为 0.85~5.79mg/L，平均值为 2.22 mg/L。

金塘岛及附近岛屿周边海域表层化学需氧量分布范围为 0.40~1.48mg/L，最低值与最高值分别为 Z25 站、Z20 站，平均值为 0.79 mg/L。该海域表层水体化学需氧量在西部海域出现高值 Z23 站和 Z20 站，东部与南部海域的化学需氧量浓度则处较低。但与舟山本岛周边海域相比，其化学需氧量浓度仍属于较高水平。

金塘岛及附近岛屿周边海域底层化学需氧量分布范围为 0.76~1.80mg/L，最低值与最高值分别为 Z11 站、Z20 站和 Z22 站，平均值为 1.13 mg/L。在金塘岛西部存在两个高值点出现在 Z20 站和 Z23 站，与表层海水化学需氧量浓度分布相类似，而金塘岛及附近岛屿东部与南部化学需氧量均较低。

（8）悬浮物。金塘岛及附近岛屿周围的悬浮物分布浓度范围为 24.8~733.3mg/L，按水层分为表层和底层，全层平均值为 333.6mg/L。2014 年 11 月海水悬浮物分布浓度范围为：202.0~2049.0mg/L，平均值为 797.6mg/L。

表层悬浮物浓度分布范围为 24.8~673.3mg/L，最低值与最高值分别出现在 Z17 站和 Z20 站。表层悬浮物浓度平均值为 204.3mg/L。总体看来除 Z20 表层悬浮物浓度较高以外，两岛其他站位总体分布差别不是很明显。

底层悬浮物浓度分布范围为 287.3~733.3mg/L，最低值与最高值分别出现在 Z23 站和 Z20 站。表层悬浮物浓度平均值为 462.9mg/L。总体来讲，两岛北边的站位具有较高的底层悬浮物浓度，南边的站位悬浮物含量相对较低。

（9）叶绿素 a。金塘岛及附近岛屿周围 2014 年 7 月海水叶绿素 a 浓度分布范围为

0.31~1.06μg/L，按水层分为表层和底层，全水层平均值为 0.58μg/L。2014 年 11 月海水叶绿素 a 浓度分布范围为：0.13~0.31μg/L，平均值为 0.20μg/L。

表层叶绿素 a 浓度分布范围为 0.31~0.83μg/L，最低值与最高值分别出现在 Z19 站和 Z21 站。表层叶绿素 a 浓度平均值为 0.52μg/L。浓度高值区主要集中两岛西侧和南侧站位，北侧的站位叶绿素 a 的浓度稍低。

底层叶绿素 a 浓度分布范围为 0.43~1.06μg/L，最低值与最高值分别出现在 Z18 站和 Z20 站。底层叶绿素 a 浓度平均值为 0.73μg/L。浓度高值区主要集中两岛西侧 Z20 站位，北侧的站位叶绿素 a 的浓度稍低。

（10）油类。金塘岛及附近岛屿 2014 年 7 月海水表层水体中油类浓度分布范围为：0.015~0.035mg/L，最低值与最高值分别出现在 Z24 站和 Z19 站，总体平均值为 0.024mg/L。高值区出现在两岛北边的站位 Z17 站、Z18 站、Z19 站，两岛周围表层水体中的油类浓度由北向南呈降低趋势。2014 年 11 月海水油类浓度分布范围为：0.015~0.033mg/L，平均值为 0.024mg/L。

（11）活性磷酸盐。金塘岛及附近岛屿周边海域 2014 年 7 月海水活性磷酸盐浓度的分布范围为 0.038~0.051mg/L，按水层分为表层和底层，全层平均值为 0.044 mg/L。其总体浓度高于其他调查区域。2014 年 11 月海水活性磷酸盐浓度的分布范围为 0.051~0.062mg/L，平均值为 0.055mg/L。

表层活性磷酸盐浓度分布范围为 0.038~0.051mg/L，最低值在 Z25 站，最高值在 Z20 站，平均值为 0.044 mg/L。呈现西高东低的变化趋势。

底层活性磷酸盐浓度分布范围为 0.038~0.051mg/L，最低值在 Z24 站、Z25 站，最高值在 Z20 站，平均值为 0.044 mg/L。总体分布与表层类似。

（12）活性硅酸盐。金塘岛及附近岛屿周边海域 2014 年 7 月海水活性硅酸盐浓度的分布范围为 1.168~1.957mg/L，按水层分为表层和底层，全层平均值为 1.466mg/L。其总体浓度高于其他调查区域。2014 年 11 月海水活性硅酸盐浓度的分布范围为 1.681~2.306mg/L，平均值为 1.911mg/L。

表层活性硅酸盐浓度分布范围为 1.168~1.732mg/L，最低值在 Z25 站，最高值在 Z21 站，平均值为 1.450mg/L。呈现西高东低的变化趋势，金塘岛东南为低值区。

底层活性硅酸盐浓度分布范围为 1.196~1.957mg/L，最低值在 Z25 站，最高值在 Z21 站，平均值为 1.488mg/L。总体分布与表层类似，浓度略高于表层。

（13）亚硝酸盐。金塘岛及附近岛屿周边海域 2014 年 7 月海水亚硝酸盐浓度的分布范围为 0.001~0.006mg/L，按水层分为表层和底层，全层平均值为 0.003mg/L。其总体浓度低于其他调查区域。2014 年 11 月海水亚硝酸盐浓度的分布范围为 0.0007~0.0011mg/L，平均值为 0.001 mg/L。

表层亚硝酸盐浓度分布范围为 0.002~0.006mg/L，最低值出现在 Z16 站~Z19 站，最高值在 Z22 站，平均值为 0.003 mg/L。呈现西南高东北低的变化趋势。

底层亚硝酸盐浓度分布范围为 0.001~0.003mg/L，最低值在 Z24 站、Z25 站，最高值在 Z20 站，平均值为 0.003 mg/L。底层变化较小，西部略高于其他区域。

（14）硝酸盐。金塘岛及附近岛屿周边海域 2014 年 7 月海水硝酸盐浓度的分布范围为 0.420~0.962mg/L，按水层分为表层和底层，全层平均值为 0.709 mg/L。其总体浓度低于其他调查区域。2014 年 11 月海水硝酸盐浓度的分布范围为 1.016~1.415mg/L，平均值为 1.149 mg/L。

表层硝酸盐浓度分布范围为 0.498~0.962mg/L，最低值在 Z25 站，最高值在 Z18 站，平均值为 0.704 mg/L。呈现北高南低的变化趋势。

底层硝酸盐浓度分布范围为 0.420~0.919mg/L，最低值在 Z25 站，最高值在 Z18 站、Z23 站，平均值为 0.715mg/L。环绕金塘岛的 Z15 站、Z18 站、Z22 站、Z23 站都出现高值。

（15）铵盐。金塘岛及附近岛屿周边海域 2014 年 7 月海水铵盐浓度的分布范围为 0.009~0.019mg/L，按水层分为表层和底层，全层平均值为 0.012mg/L。其总体浓度低于其他调查区域。2014 年 11 月海水铵盐浓度的分布范围为 0.011~0.027mg/L，平均值为 0.020 mg/L。

表层铵盐浓度分布范围为 0.010~0.019mg/L，最低值出现在 Z20 站~Z21 站、Z22 站~Z25 站，最高值在 Z17 站、Z19 站，平均值为 0.013mg/L。北部有一高值区，其余范围值均较低。

底层铵盐浓度分布范围为 0.009~0.015mg/L，最低值在 Z23 站、Z24 站，最高值在 Z15 站，平均值为 0.011 mg/L。底层变化较小，只有 Z15 站值略高于其他站位。

（16）无机氮。金塘岛及附近岛屿周边海域 2014 年 7 月海水无机氮浓度的分布范围为 0.433~0.981mg/L，按水层分为表层和底层，全层平均值为 0.724mg/L。其总体浓度高于其他调查区域。2014 年 11 月海水无机氮浓度的分布范围为 1.043~1.429mg/L，平均值为 1.170mg/L。

表层无机氮浓度分布范围为 0.510~0.981mg/L，最低值在 Z25 站，最高值在 Z18 站，平均值为 0.072mg/L。金塘岛北部和东部都是高值区，南部为低值区。

底层无机氮浓度分布范围为 0.433~0.933mg/L，最低值在 Z25 站，最高值在 Z18 站，平均值为 0.729mg/L。环绕金塘岛的 Z15 站、Z18 站、Z24 站都出现高值。

（17）重金属。金塘岛及附近岛屿周边海域表层海水中的重金属总共包含 7 项，包括汞、砷、铜、铅、锌、镉、总铬。

2014 年 7 月海水中铜浓度分布范围为 1.54~1.91μg/L，最低值与最高值分别为 Z24 站和 Z21 站，平均值为 1.72μg/L。2014 年 11 月海水铜浓度分布范围为 1.50~1.92μg/L，平均值为 1.72 μg/L。金塘岛和册子岛东西两端出现高值区，南北区域相对较低。

2014 年 7 月海水中汞浓度的分布范围为 0.026~0.047μg/L，最低值在 Z20 站，最高值在 Z17 站、Z18 站、Z23 站和 Z25 站，平均值为 0.038μg/L。2014 年 11 月海水汞浓度的分布范围为 0.031~0.047μg/L，平均值为 0.039μg/L。金塘岛及附近岛屿周边海域汞含量整体较高，仅在金塘岛西端和东部靠近舟山岛附近存在低值。

2014 年 7 月海水中铅浓度分布范围为 0.25~0.46μg/L，最低值与最高值分别在 Z22 站和 Z21 站，平均值为 0.34μg/L。2014 年 11 月海水铅浓度分布范围为 0.25~0.43μg/L，平均值为 0.34 μg/L。与铜的分布类似，整体呈现金塘岛和册子岛的东西部高，南北部低的趋势。

2014 年 7 月海水中锌浓度分布范围为 0.81~2.25μg/L，最低值和最高值分别在 Z24 站和 Z25 站，平均值为 1.38μg/L。2014 年 11 月海水锌浓度分布范围为 0.98~2.32μg/L，平均值为 1.45 μg/L。金塘岛和册子岛的南部高，北部较低。

2014 年 7 月海水中镉浓度分布范围为 0.039~0.089μg/L，最低值在 Z15 站，最高值在 Z21 站，平均值为 0.063μg/L。2014 年 11 月海水镉浓度分布范围为 0.040~0.082μg/L，平均值为 0.060 μg/L。金塘岛南部和东部靠近舟山岛海域出现低值区。

2014 年 7 月海水中总铬浓度分布范围为 0.19~2.24μg/L，最低值与最高值分别在 Z15 站和 Z20 站，平均值为 1.20μg/L。2014 年 11 月海水总铬浓度分布范围为 0.29~2.21μg/L，平均值为 1.26μg/L。在金塘岛和册子岛的西北部海域总铬的含量较高。

2014 年 7 月海水中砷浓度分布范围为 0.85~1.19μg/L，最低值和最高值分别出现在 Z15 站和 Z20 站，平均值为 1.04μg/L。2014 年 11 月海水砷浓度分布范围为 0.82~1.22μg/L，平均值为 1.04 μg/L。金塘岛和册子岛周边海域砷含量整体较高，而低值区出现于两岛东部区域。

可以看出，2014 年 7 月金塘岛及附近岛屿周边海域的海水中各站位 pH、化学需氧量、石油类、重金属均满足 I 类海水水质标准。溶解氧存在 5 个站的浓度略超 I 类海水水质标准，符合海水水质 II 类标准。海域中无机氮与活性磷酸盐均为Ⅳ类及劣Ⅳ类海水水质（表 5.9）。

2014 年 11 月金塘岛及附近岛屿周边海域的海水中各站位 pH、溶解氧、石油类、重金属均满足 I 类海水水质标准。化学需氧量浓度存在 6 个站的浓度超 I 类海水水质标准，其中 5 个站位符合海水水质 II 类标准，仅 1 个站位（Z22 站）的化学需氧量浓度超Ⅳ类海水水质标准。海域中无机氮与活性磷酸盐均为劣Ⅳ类海水水质（表 5.10）。

从水质评价结果可知，无机氮和活性磷酸盐为主要的污染物，水质状况为Ⅳ类及劣Ⅳ类海水水质。

表 5.9　金塘岛及附近岛屿海域 2014 年 7 月浅海表层水体环境评价结果

项目	样品数	监测结果		P_i		超标率/%
		范围	均值	范围	均值	
pH	19	7.92~8.01	7.95	0.61~0.68	0.63	0
溶解氧/（mg/L）	19	5.64~6.80	6.26	0.06~0.92	0.48	0
化学需氧量/（mg/L）	19	0.40~1.80	1.07	0.20~0.90	0.53	0
无机氮/（mg/L）	19	0.433~0.981	0.724	0.87~1.96	1.45	94.7
活性磷酸盐/（mg/L）	19	0.038~0.051	0.044	0.85~1.14	0.97	36.8
石油类/（mg/L）	11	0.015~0.035	0.024	0.31~0.71	0.48	0
铜/（mg/L）	11	1.54×10^{-3}~1.91×10^{-3}	1.72×10^{-3}	0.31~0.38	0.34	0
铅/（μg/L）	11	0.25×10^{-3}~0.46×10^{-3}	0.34×10^{-3}	0.25~0.46	0.34	0
锌/（μg/L）	11	0.81×10^{-3}~2.25×10^{-3}	1.38×10^{-3}	0.04~0.11	0.07	—
镉/（μg/L）	11	0.039×10^{-3}~0.089×10^{-3}	0.063×10^{-3}	0.04~0.09	0.06	0
铬/（μg/L）	11	0.19×10^{-3}~2.24×10^{-3}	1.20×10^{-3}	0.00~0.04	0.02	0
汞/（μg/L）	11	0.026×10^{-3}~0.047×10^{-3}	0.038×10^{-3}	0.53~0.95	0.77	0
砷/（μg/L）	11	0.85×10^{-3}~1.19×10^{-3}	1.04×10^{-3}	0.04~0.06	0.05	0

表5.10 金塘岛及附近岛屿海域2014年11月浅海表层水体环境评价结果

项目	样品数	监测结果		P_i		超标率/%
		范围	均值	范围	均值	
pH	11	8.05~8.08	8.07	0.70~0.72	0.71	0
溶解氧/（mg/L）	11	5.64~6.80	6.26	0.06~0.92	0.48	0
化学需氧量/（mg/L）	11	0.85~5.79	2.22	0.42~2.90	1.11	0
无机氮/（mg/L）	11	1.043~1.429	1.170	2.09~2.86	2.34	100
活性磷酸盐/（mg/L）	11	0.051~0.062	0.055	1.13~1.37	1.22	100
石油类/（mg/L）	11	0.015~0.033	0.024	0.30~0.66	0.47	0
铜/（μg/L）	11	1.50×10^{-3}~1.92×10^{-3}	1.72×10^{-3}	0.30~0.38	0.34	0
铅/（μg/L）	11	0.25×10^{-3}~0.43×10^{-3}	0.34×10^{-3}	0.25~0.43	0.34	0
锌/（μg/L）	11	0.98×10^{-3}~2.32×10^{-3}	1.45×10^{-3}	0.05~0.12	0.07	—
镉/（μg/L）	11	0.040×10^{-3}~0.082×10^{-3}	0.060×10^{-3}	0.04~0.08	0.06	0
铬/（μg/L）	11	0.29×10^{-3}~2.21×10^{-3}	1.26×10^{-3}	0.01~0.04	0.03	0
汞/（μg/L）	11	0.031×10^{-3}~0.047×10^{-3}	0.039×10^{-3}	0.62~0.94	0.78	0
砷/（μg/L）	11	0.82×10^{-3}~1.22×10^{-3}	1.04×10^{-3}	0.04~0.06	0.05	0

2）沉积物调查结果及分布特征

（1）有机质。2014年7月金塘岛及附近岛屿周边海域沉积物站位中的有机质浓度分布范围为0.34%~0.69%，平均值为0.54%；2014年11月沉积物的有机质含量分布范围为0.46%~0.75%，平均值为0.57%。

（2）石油类。7月金塘岛及附近岛屿周边海域沉积物中的石油类含量范围为1.46×10^{-6}~15.64×10^{-6}。最低值与最高值分别出现在Z19站和Z20站，油类平均含量9.4×10^{-6}。2014年11月沉积物的石油类含量范围为1.64×10^{-6}~14.47×10^{-6}，平均值为9.91×10^{-6}。高值区出现在册子岛西北和东南的站位，金塘岛西侧的两个站位沉积物中石油类含量相对较高。

（3）重金属。表层沉积物重金属包括汞、砷、铜、铅、锌、镉和总铬共七项。

2014年7月沉积物的铜含量变化范围为18.0×10^{-6}~34.0×10^{-6}，平均值为28.8×10^{-6}，最低值位于Z21站，最高值位于Z15站。2014年11月沉积物的铜含量变化范围为24.1×10^{-6}~34.2×10^{-6}，平均值为29.0×10^{-6}。金塘岛北部、册子岛东南部大面积高值区，而金塘岛西部含量较低。

2014年7月沉积物汞含量变化范围为0.062×10^{-6}~0.119×10^{-6}，平均值为0.095×10^{-6}，最低值位于Z18站，最高值位于Z19站。2014年11月沉积物的汞含量变化范围为0.061×10^{-6}~0.111×10^{-6}，平均值为0.089×10^{-6}。金塘岛西北部与册子岛的东南部含量相对较高。

2014年7月沉积物铅含量变化范围为19.1×10^{-6}~31.4×10^{-6}，平均值为25.5×10^{-6}，最低值位于Z21站，最高值位于Z18站。2014年11月沉积物的铅含量变化范围为22.5×10^{-6}~29.7×10^{-6}，平均值为26.2×10^{-6}。两岛整体表现出南低北高的趋势。

2014年7月沉积物锌含量变化范围为88.6×10^{-6}~141.5×10^{-6}，平均值为110.8×10^{-6}，

最低值位于 Z21 站，最高值位于 Z17 站，大体呈北高南低的趋势。2014 年 11 月沉积物的锌含量变化范围为 88.7×10^{-6}~135.0×10^{-6}，平均值为 104.3×10^{-6}。

2014 年 7 月沉积物镉含量变化范围为 0.123×10^{-6}~0.180×10^{-6}，平均值为 0.167×10^{-6}，最低值位于 Z21 站，最高值位于 Z15 站，分布趋势与铜类似。2014 年 11 月沉积物的镉含量变化范围为 0.157×10^{-6}~0.193×10^{-6}，平均值为 0.173×10^{-6}。

2014 年 7 月沉积物总铬变化范围为 40.3×10^{-6}~56.7×10^{-6}，平均值为 50.8×10^{-6}，最低值位于 Z21 站，最高值位于 Z18 站，总铬含量分布与镉和铜类似。2014 年 11 月沉积物的总铬变化范围为 42.9×10^{-6}~58.5×10^{-6}，平均值为 49.1×10^{-6}。

2014 年 7 月沉积物砷含量变化范围为 7.30×10^{-6}~12.72×10^{-6}，平均值为 10.50×10^{-6}，最低值位于 Z21 站，最高值位于 Z16 站，砷的分布趋势与汞类似。2014 年 11 月沉积物的砷含量变化范围为 9.1×10^{-6}~12.2×10^{-6}，平均值为 10.3×10^{-6}。

可以看出，海域沉积物质量状况良好，所有沉积物样品中有机碳、油类、铜、铅、锌、镉、总铬、汞和砷含量均符合国家第一类沉积物质量标准。

表 5.11　示范区海域 2014 年 7 月沉积物质量监测与评价结果　单位：$\times10^{-6}$ mg/kg

项目	样品数	监测结果		P_i		超标率/%
		范围	均值	范围	均值	
有机碳	7	0.34~0.69	0.54	0.17~0.35	0.27	0
石油类	7	1.46~15.64	9.40	0.00~0.03	0.02	0
铜	7	18.0~34.0	28.8	0.52~0.97	0.82	0
铅	7	19.1~31.4	25.5	0.32~0.52	0.43	0
锌	7	88.6~141.5	110.8	0.59~0.94	0.74	0
镉	7	0.123~0.180	0.167	0.25~0.36	0.33	0
汞	7	0.062~0.119	0.095	0.31~0.60	0.48	0
总铬	7	40.3~56.7	50.8	0.50~0.71	0.63	0
砷	7	7.3~12.7	10.5	0.37~0.64	0.53	0

表 5.12　示范区海域 2014 年 11 月沉积物质量监测与评价结果　单位：$\times10^{-6}$ mg/kg

项目	样品数	监测结果		P_i		超标率/%
		范围	均值	范围	均值	
有机碳	10	0.46~0.75	0.57	0.23~0.37	0.28	0
石油类	10	1.64~14.47	9.91	0.00~0.03	0.02	0
铜	10	24.1~34.2	29.0	0.69~0.98	0.83	0
铅	10	22.5~29.7	26. 2	0.38~0.50	0.44	0
锌	10	88.7~135.0	104.3	0.59~0.90	0.70	0
镉	10	0.157~0.193	0.173	0.31~0.39	0.35	0
汞	10	0.061~0.111	0.089	0.31~0.56	0.48	0
总铬	10	42.9~58.5	49.1	0.54~0.73	0.61	0
砷	10	9.1~12.2	10.3	0.45~0.61	0.51	0

5.2.3　金塘岛及附近岛屿海域水环境评价结果

2014 年 7 月和 10 月金塘岛及附近岛屿海域的海水中各站位除无机氮和活性磷酸盐达标率为 0%外，其余化学参数如 pH、溶解氧、化学需氧量、石油类、铜、铅、锌、镉和汞均达到国家第二类水质标准。

2014 年春季、秋季沉积物质量状况良好，所有沉积物样品有机碳、硫化物、油类、铜、铅、镉和汞含量均达到国家第二类沉积物质量标准。

5.3　生态支持能力评估

岛群生态支持能力是指岛群生态系统中用以协调岛群与自然的相互关系，维持和推动整个生态系统的稳定和平衡，为岛群提供生态调控和支持的能力。岛群生态支持能力取决于生物多样性、生态系统健康以及生态系统服务价值三个方面。生物多样性本身是生态系统健康中的一个必要条件，同时生态系统健康则具有较好的生态系统服务价值。因此，对于生态支持能力的评价关键在于生态系统健康的评价。

5.3.1　生态健康评价指标体系

金塘岛及附近岛屿示范区海域生态健康评价方法可采用中华人民共和国海洋行业标准《近岸海洋生态健康评价指南》（HY/T 087—2005）中河口与海湾生态系统评价方法。依据依据《近岸海洋生态健康评价指南》（HY/T 087—2005），河口与海湾生态系统健康状况评价包括五类指标，即水环境、沉积环境、生物残毒、栖息地和生物，其权重分别为 15%、10%、10%、15%和 50%。由于生物、水环境和沉积环境总权重占 75%，生态健康可近似采用生物、水环境和沉积环境的健康评价，重新按照比例分配权重为生物 67%、20%和 13%（表 5.13）。

表 5.13　金塘岛及附近岛屿生态健康指数评价指标体系

目标层（权重）	准则层（权重）	指标层
生态健康评价（1）	水环境（0.67）	溶解氧
		pH
		活性磷酸盐
		无机氮
		石油类
	沉积环境（0.2）	有机碳含量
		硫化物含量
	生物（0.13）	浮游植物密度
		浮游动物密度
		浮游动物生物量
		鱼卵及仔鱼密度
		底栖动物密度
		底栖动物生物量

注：括号内数字为该指标权重

5.3.2　生态健康指数

生态健康指数按式（5.5）计算：

$$CEH_{indx} = \sum_{i=1}^{p} INDX_i \tag{5.5}$$

式中，CEH_{indx}为生态健康指数；$INDX_i$为第i类指标健康指数；p为评价指标类群数。依据CEH_{indx}评价生态系统健康状况：当$CEH_{indx} \geq 75$时，生态系统处于健康状态；当$50 \leq CEH_{indx} \leq 75$时，生态系统处于亚健康状态；当$CEH_{indx} < 50$时，生态系统处于不健康状态。

5.3.3　生态健康评价

对于金塘岛及附近岛屿海域生态系统健康评价所需资料主要包括：国家海洋局第二海洋研究所于2014年7月和11月的采样分析资料；2015年浙江主要海湾环境质量监测数据（金塘岛及附近岛屿部分）；中国近海海洋综合调查与评价专项浙江省沿岸和港湾生态环境及其承载力综合评价报告（金塘岛及附近岛屿部分）。

1. 水环境

7月水环境健康评价结果W_{indx}=14.67，$11 \leq W_{indx} \leq 15$，判定水环境为亚健康。各站位溶解氧、pH、石油类指标赋值较高，相对健康，而活性磷磷酸盐和无机氮成为影响评价水环境健康状况的主要因素（表5.14）。

表5.14　2014年7月水环境健康评估指标与赋值

序号	指标	数值	水质类别	赋值
1	溶解氧/（mg/L）	6.34	I	20
2	pH	7.95	I	19
3	活性磷酸盐/（mg/L）	0.044	III	7
4	无机氮/（mg/L）	0.720	III	7
5	石油类/（mg/L）	0.0239	I	20

2014年11月的水环境处于亚健康状态，W_{indx}=14.80，无机氮和活性磷酸盐是成为水环境健康与否的限制因素（表5.15）。

表5.15　2014年11月水环境健康评估指标与赋值

序号	指标	数值	水质类别	赋值
1	溶解氧/（mg/L）	7.67	I	20
2	pH	8.10	I	20
3	活性磷酸盐/（mg/L）	0.055	III	7
4	无机氮/（mg/L）	1.170	III	7
5	石油类/（mg/L）	0.0237	I	20

全年金塘岛及附近岛屿海域水环境健康指数为 14.74，水环境整体处于亚健康状态。根据各季节及全年水环境健康评价得出的结果可知，活性磷酸盐和无机氮对水体环境健康造成影响。

2. 沉积环境

沉积物各站位监测指标与赋值情况见表 5.16。评价结果为沉积环境健康指数为 9.69，$7 \leqslant S_{indx} \leqslant 10$，表现为健康状态。其中硫化物数据引用自 908 专项调查结果。

表 5.16　沉积环境监测指标与赋值

序号	指标	数值	水质类别	赋值
1	有机碳/%	0.94	I	9.69
2	硫化物/（μg/g）	3.46	I	9.69

3. 生物

由于调查时间在 2014 年 7 月末，不在鱼类产卵季节，所以鱼卵及仔鱼密度指标不予考虑；金塘海域位于杭州湾外围，指标选取以杭州湾为准（表 5.17）。

表 5.17　调查海域指标、类别及其赋值

序号	指标	数值	水质类别	赋值
1	浮游植物密度/（个/m^3）	18 936 000	III	13
2	浮游动物密度/（个/m^3）	102.04	III	13
3	浮游动物生物量/（mg/m^3）	120.60	I	67
4	底栖动物密度/（个/m^3）	74.00	III	13
5	底栖动物生物量/（mg/m^3）	0.48	II	40

根据表 5.17 和式（5.5）计算，可得出金塘海域生物健康指数：Bindex=29.84，由此可知，金塘海域生物处于亚健康状态。

5.3.4　评价结论

根据《近岸海洋生态健康评价指南》（HY/T 087—2005）中生态系统健康指数计算方法，将水环境、沉积环境和生物指数相加，得到金塘岛附近岛屿示范区的生态系统健康指数 CEH_{indx}=57.58，生态系统处于亚健康状态。影响研究区生态系统健康的主要因素是水环境和生物类指标。水环境指标不健康的主要原因是活性磷酸盐和无机氮含量。生物类指标不健康的主要原因是鱼浮游植物密度、浮游动物密度和底栖动物生物量（表 5.18）。

表 5.18　金塘岛及附近岛屿生态环境健康评价汇总表

指标	水环境	沉积环境	生物	生态系统
指数	14.74	13.00	29.84	57.58
评价结果	亚健康	健康	亚健康	亚健康

第6章 金塘岛及附近岛屿综合承载力的综合评估

对金塘岛及附近岛屿承载力的评估分为综合评估和分区评估。综合评估的目的是评价所有承载要素对岛群区域经济的总的承载能力，并分析存在问题提出对策建议。分区评估的目的则是确定金塘岛及附近岛屿范围内不同区域的承载力差异，以便确定岛群区域的开发重点和时序。

6.1 金塘岛及附近岛屿综合承载力的综合评估

根据所构建的岛群综合承载力评估方法，对于金塘岛及附近岛屿综合承载力的评估，需要构建评价指标体系，确定权重，采用状态空间法对综合承载力状况进行评估、判定及分析，并提出对策建议。

6.1.1 指标体系的确定

金塘岛及附近岛屿综合承载力评价指标的选择主要以资源供给能力评估指标、海域环境质量评估指标、生态支持能力评估指标为基础。在指标的筛选上充分考虑区域的资源优势和产业发展定位。金塘岛及附近岛屿产业发展定位主要是港口物流岛。因此，在指标的选择上，着重突出了港口交通物流业发展对综合承载力的影响。目前，构建的指标体系包括5个一级指标，23个二级指标。

对于其中的渔业资源指标，可采用海洋捕捞量和海水养殖量表示。旅游资源可采用旅游人数表示。岛陆交通便捷性分别采用金塘岛到宁波镇海、册子岛到岑港所用的时间，岛间交通便捷性采用金塘岛到册子岛所用的时间。滚装码头采用集装箱吞吐量表示。

根据所构建的综合承载力评估指标体系，通过查阅《定海统计年鉴》《定海县志》以及调研资料，可得到金塘岛及附近岛屿综合承载力评估指标体系中指标的2008~2013年的数据（表6.1）。

表6.1 2008~2013年示范区综合承载力评估指标体系数据

一级指标	二级指标	2008年	2009年	2010年	2011年	2012年	2013年
资源指标	陆地面积/km^2	91.55	91.55	91.55	91.55	91.55	91.55
	岸线长度/km	83.32	83.32	83.32	83.32	83.32	83.32
	浅海面积/km^2	5.53	5.53	5.53	5.53	5.53	5.53

续表

一级指标	二级指标	2008 年	2009 年	2010 年	2011 年	2012 年	2013 年
资源指标	渔业资源（海洋捕捞量）/t	18 587	16 170	19 194	19 591.54	19 230.98	21 066.38
	渔业资源（海水养殖量）/t	572	1793	1836	1097.46	861.02	671.86
	旅游资源（用旅游人数表示）/（万人次）	57	70	80	94	110	130
	深水岸线/km	39	39	39	39	39	39
	坡度 25%以下海岛面积或适宜建设区域中未建设区域面积比例/hm^2	4524	4524	4524	4524	4524	4524
生态支持能力指标	生物多样性指数	2.95	2.85	1.1	1.73	2.425	2.52
	生态健康指数	26	23	17	17	23	22
环境质量指标	植被覆盖率（分为乔木、灌木、沿海防风林/%	66.37	66.37	66.37	66.37	64.76	64.76
	二类以上海水占岛群区域面积比例/%	55	40	15	10	2.6	3.9
	城镇污水处理率/%	17	17	17	17	17	17
经济指标	人均 GDP/（元/人）	29 444.63	31 627.26	37 015.3	45 759.32	50 758.1	55 489.91
	海洋产业增加值占地区 GDP 比例/%	53.22	49.96	49.96	48.23	49.48	46.57
	地区生产总值（GDP）增长率/%	15.27	8.19	17.13	23.43	10.85	10.86
	第三产业比例/%	31.845	35.076	32.942	29.210	30.172	31.862
	岛群区域经济（GDP）密度/（万元/km^2）	1468.05	1588.20	1860.19	2 296.01	2 545.06	2 821.41
社会指标	交通的便捷性（岛间：金塘岛到册子岛）/min	21	21	2.588	2.588	2.588	2.588
	交通的便捷性（岛陆：金塘到宁波镇海）/min	150	150	18.5	18.5	18.5	18.5
	交通的便捷性（岛陆：册子到岑港）	21	21	2.7	2.7	2.7	2.7
	距离经济中心的距离（采用金塘到宁波的距离）/km	3.5	3.5	3.5	3.5	3.5	3.5
	滚装码头（采用集装箱吞吐量表示）/万 TEU	0	0	5.4	17.5	47.9	55.48
	淡水供应能力/（t/d）	13 000	13 000	13 000	13 000	13 000	13 000

6.1.2　理想值确定

指标理想值的确定原则主要有以下几个方面：①根据海岛区域经济、环境相关发展规划，采用与发展阶段目标相适应的国家标准和行业规定作为理想值。②参考国内外类似发展程度下，相应的数据作为理想值。③通过文献查询、向专家和政府管理人员咨询等方法确定理想值。根据以上原则，可以确定金塘岛及附属岛屿综合承载力评估指标的理想值（表 6.2）。

表 6.2　示范区综合承载力评估指标理想值确定

一级指标	二级指标	理想值	理想值确定的依据
资源指标	陆地面积/km^2	91.55	根据《定海统计年鉴 2012 年》，金塘岛陆域面积 77.35 km^2，册子岛陆域面积 14.2 km^2，共计 91.55 km^2
	岸线长度/km	83.32	根据《定海统计年鉴 2012 年》，金塘岛海岸线 60.32 km，册子岛海岸线 23 km，共计 83.32 km
	浅海面积/km^2	5.53	根据《定海统计年鉴 2012 年》，金塘岛浅海面积 4.76 km^2，册子岛浅海面积 0.77 km^2。共计 5.53 km^2
	渔业资源（海洋捕捞量）/t	16 170	根据金世昌《浙江渔业经济可持续发展的模式研究》，东海区的年捕捞量超过可捕捞量。因此，海洋捕捞量的理想值取历史上的海洋捕捞量的最小值，即 16170t
	渔业资源（海水养殖量）/t	1836	海水养殖产量理想值采用历史上海水养殖产量的最高值，即 1836t
	旅游资源（用旅游人数表示）/万人次	350	根据《舟山册子岛旅游开发策划方案》，册子岛客源市场规模的最大值为 50 万人次。根据《舟山市定海区金塘岛旅游发展总体规划（2014—2030）》，到 2020 年，金塘岛接待游客总量达到 300 万人次
	深水岸线/km	39	根据 2014 年课题组调研资料《册子简介》，册子岛深水岸线 24km。《金塘岛深水港规划》，金塘岛可开发水深 15m 以上的深水岸线 15km。深水岸线共计 39km
	坡度 25%以下海岛面积或适宜建设区域中未建设区域面积比例/hm^2	1859.92	根据《定海区金塘镇土地利用总体规划》，金塘镇到 2020 年建设用地规模调整为 1452.6hm。册子乡到 2020 年建设用地规模调整为 307.32hm
生态指标	生物多样性指数	2.2625	生物多样性指数目前文献中并没有理想值方面的阐述。本项研究采用历史数值的平均值作为理想值，即 2.2625
	生态健康指数	35	根据《近岸海洋生态健康评价指南》（HY/T 087—2005），生物健康指数 Bindex，当 10≤Bindex≤20 时，生物处于不健康状态；当 20≤Bindex≤35 时，生物处于亚健康状态；当 35≤Bindex≤50 时，生物处于健康状态。因此，采用生物处于健康状态中的最小值作为理想值，即 35
环境质量指标	植被覆盖率/%	76.39	根据 2014 年课题组调研资料《广东省南澳县森林覆盖率独占全国 12 个海岛县鳌头》，广东省南澳岛森林覆盖率在全国 12 个海岛县中处于第一位，为 76.39%。以此作为海岛森林覆盖率的理想值
	二类以上海水占岛群区域面积比例/%	28.03	根据《海水水质标准》（GB2097—1997），第一类海水适用于海洋渔业水域，海上自然保护区和珍稀濒危海洋生物保护区。第二类适用于水产养殖区，海水浴场，人体直接接触海水的海上运动或娱乐区，以及与人类食用直接有关的工业用水区。根据《舟山市海洋功能区划》，金塘岛及附近岛屿海洋捕捞区包括金塘岛西张网区，面积 750hm^2；册子岛西北张网区，面积 800hm^2。金塘岛及附近岛屿海域面积共计 5.53 km^2。因此，理想值为（1550hm^2/5.53 km^2）×100%=28.03%
	城镇污水处理率/%	90	根据《舟山市金塘岛总体规划（2009—2020）》中的 2020 年城市发展目标，金塘岛城镇化质量不断提升，污水处理率 90%
经济指标	人均 GDP/（元/人）	116 200	根据金塘岛及附近岛屿地区生产总值年均增长率 11.5%，到 2020 年，金塘岛及附近岛屿的地区生产总值为 55.34 亿元。根据金塘岛及附近岛屿人口增长率为 0.327%，到 2020 年，金塘岛及附近岛屿的人口数约为 47626。则 2020 年的人均地区生产总值为 116 200 元。可将 2020 年的情况作为理想值

续表

一级指标	二级指标	理想值	理想值确定的依据
经济指标	海洋产业增加值占地区 GDP 比例/%	55	根据历年《定海统计公报》，海洋产业增加值占地区生产总值比例 55%，以此作为金塘岛及附近岛屿的理想值
	地区生产总值（GDP）年均增长率/%	11.5	采用 2008~2013 年金塘岛及附近岛屿地区生产总值的年均增长率作为理想值，即：（2821.41/1468.05）^（1/6）=11.5%
	第三产业比例/%	35	根据《定海区金塘镇小城市培育试点三年（2014－2016 年）行动计划》，第三产业比重的理想值为 35%
	岛群区域经济（GDP）密度/（万元/km^2）	6045	根据岛群地区生产总值的理想值为 55.34 亿元，以及金塘岛及附近岛屿区域面积为 91.55km^2，则金塘岛及附近岛屿区域经济密度为 6045 万元/km^2
社会指标	交通的便捷性（岛间：金塘岛到册子岛）/min	2.588	金塘到册子经舟山跨海大桥的西堠门大桥段，全长 2.588km，按汽车限速 60km/h 计算，需要 2.588 分钟。
	交通的便捷性（金塘岛到宁波镇海）/min	18.5	金塘到镇海经舟山跨海大桥金塘大桥段，全长 18.5 km。按汽车 60km/h 计算，需 18.5 分钟
	交通的便捷性（册子岛到岑港）	2.7	册子岛到岑港需经桃夭门大桥、响礁门大桥、岑港大桥。桃夭门大桥连接册子岛和富翅岛，全长 888m。按汽车 60km/h 计算，需要 0.888 分钟。响礁门大桥连接富翅岛和里钓岛，全长 951m。按 60km/h 计算，需 0.951 分钟。岑港大桥连接 793m，按 60km/小时计算，需 0.793 分钟。因此，册子岛到岑港共计需 2.7 分钟
	距离经济中心的距离（采用金塘岛到宁波的距离）/km	3.5	根据调研资料《金塘投资指南》，金塘岛与宁波北仑港相距 3.5km
	滚装码头（采用集装箱吞吐量表示）/万 TEU	700	根据《舟山市金塘岛总体规划（2009—2020）》中的 2020 年经济发展目标，金塘岛到 2020 年港口物流业保持快速发展，集装箱吞吐量达到 700 万 TEU，物流园区面积达到 7 万 km^2，初步成为宁波舟山港重要集装箱港区和长江三角洲地区重要的国际物流基地
	淡水供应能力/（t/d）	8000	根据《定海年鉴 2009》，2008 年，金塘岛投资 1000 万元建成日供水能力 1 万 t 的金塘中心水厂。根据 2014 年 10 月课题组调研资料，金塘岛日供水 1 万 t，而实际使用 5000 t/d。根据调研资料《册子岛招商指南》，册子岛现有供水能力为 3000 t/d 的水厂一座，并由岑港老塘山引入（DN400）供水系统，可完全解决册子岛的供水

6.1.3　权 重 确 定

指标体系权重确定，可采用层次分析法、等权重法、熵值法三种方法分别得到各自方法的权重，最终权重采用三种方法的算术平均加权获得（表 6.3）。

表 6.3　金塘岛及附近岛屿综合承载力评估指标体系权重确定

一级指标	二级指标	层次分析法确定的权重	等权重法确定的权重	熵值法确定的二级指标权重	二级指标最终权重	一级指标最终权重
资源指标	陆地面积	0.036 450 681	1/24	0	0.026 039 116	0.228 094 959
	海岸线长度	0.031 156 236	1/24	0	0.024 274 301	
	浅海面积	0.021 044 932	1/24	0	0.020 903 866	
	渔业资源海洋捕捞量	0.024 621 098	1/24	0.026 158 658	0.030 815 474	
	渔业资源海水养殖量	0.022 762 762	1/24	0.057 924 561	0.040 784 663	
	旅游资源	0.026 630 882	1/24	0.041 697 275	0.036 664 941	
	深水岸线	0.033 699 683	1/24	0	0.025 122 117	
	坡度 25%以下海岛面积	0.028 804 775	1/24	0	0.023 490 481	

续表

一级指标	二级指标	层次分析法确定的权重	等权重法确定的权重	熵值法确定的二级指标权重	二级指标最终权重	一级指标最终权重
生态指标	生物多样性指数	0.062 624 315	1/24	0.029 550 713	0.044 613 898	0.112 159 317
	生态健康指数	0.108 468 685	1/24	0.052 500 906	0.067 545 419	
环境质量指标	植被覆盖率	0.045 065 485	1/24	0.131 384 797	0.07 270 565	0.204 252 119
	水质为二类以上的海域面积占岛群海域面积比例	0.026 018 666	1/24	0.075 846 762	0.047 844 032	
	城镇污水处理率	0.078 055 849	1/24	0.131 384 797	0.083 702 438	
经济指标	人均 GDP	0.063 128 242	1/24	0.049 783 708	0.051 526 206	0.208 908 447
	海洋产业增加值占地区 GDP 比例	0.036 447 107	1/24	0.035 034 884	0.037 716 219	
	地区生产总值（GDP）年均增长率	0.021 042 747	1/24	0.048 399 624	0.037 036 346	
	第三产业比例	0.027 693 813	1/24	0.039 667 778	0.036 342 753	
	岛群区域经济（GDP）密度	0.047 967 091	1/24	0.049 227 013	0.046 286 924	
社会指标	交通的便捷性（岛间：金塘岛到册子岛）/min	0.046 206 333	1/24	0.050 168 453	0.046 013 818	0.246 585 175
	交通的便捷性（金塘到宁波镇海）/min	0.060 810 954	1/24	0.050 168 453	0.050 882 025	
	交通的便捷性（册子到岑港）	0.060 810 954	1/24	0.050 168 453	0.050 882 025	
	距离经济中心的距离（采用金塘到宁波的距离）	0.035 109 221	1/24	0	0.025 591 963	
	滚装码头（采用集装箱吞吐量表示）	0.035 109 221	1/24	0.080 933 166	0.052 569 685	
	淡水供应能力	0.020 270 318	1/24	0	0.020 645 662	

6.1.4 评价结果分析

根据已收集的评价指标数据和理想状态值，应用状态空间法对金塘岛及附近岛屿综合承载状况进行评价分析，主要包括一级指标层和二级指标层的资源供给能力、生态支持能力、环境质量、经济发展能力和社会发展能力四个方面。

1. 一级指标层承载状况评价

根据所收集的2008~2013年金塘岛及附近岛屿综合承载力评价指标的数据以及所获得的指标权重数据测算，2008 年~2013 年，金塘岛及附近岛屿综合承载力值在 0.4~0.51 之间，承载力的理想值为 0.8613。根据承载力状态的评判方法，金塘岛及附近岛屿区域在 2008 年~2013 年都处于可承载状态，综合承载力总体呈上升趋势，期间 2009 年承载力的值最低（表 6.4）。总体上看，岛群区域基础设施、资源、生态、环境等方面的综合条件能够承载更大的经济发展和人口数量增长的压力。

表 6.4　金塘岛及附近岛屿综合承载力评估结果

指标	2008 年	2009 年	2010 年	2011 年	2012 年	2013 年	理想值
承载力数值	0.4245	0.4194	0.5140	0.4946	0.4797	0.5051	0.8613

2. 二级指标层承载状况评价

在金塘岛及附近岛屿综合承载力评价一级指标层承载状况分析的基础上，对承载力的二级指标层进行评价，也就是资源供给能力、生态支持能力、环境质量、经济发展能力和社会发展能力五个方面分别进行评价分析，从而找出金塘岛及附近岛屿综合承载状况发生变化的主要原因。

1）资源供给能力分析

2008~2013 年金塘岛及附近岛屿资源供给能力状况处于 0.08~0.20 之间，资源供给能力波动幅度较大（表 6.5），表现为由 2008 年先上升到 2010 年的高值然后下降。从资源供给能力值看，金塘岛及附近岛屿供给能力仍远小于理想值，仍有较大的上升空间。但其中的海洋捕捞量则已长期超过岛群海域的可持续捕捞量。金塘岛及附近岛屿未来需求建设用地面积总计为 13.80 km^2，而金塘岛及附近岛屿坡度 25%以下海岛面积为 4524hm^2，能够满足未来发展需要。

表 6.5　金塘岛及附近岛屿资源供给能力状况

指标	2008 年	2009 年	2010 年	2011 年	2012 年	2013 年	理想值
资源供给能力	0.0868	0.1953	0.2315	0.1506	0.1240	0.1843	0.3209

2）生态支持能力分析

生态支持能力指标在金塘岛及附近岛屿综合承载力评价中属于承压性指标。2008~2013 年金塘岛及附近岛屿综合承载力在 0.003~0.25 之间波动，呈现先下降后上升的趋势，最低点是 2010 年的 0.0033（表 6.6）。总体看来，生态支持能力距离理想值仍有相当大的距离。从指标数据上看，造成生态支持能力不足的主要原因在于生态健康指数长期处于亚健康状态。金塘岛及附近岛屿产业功能定位为港口物流岛，其附近海域生态健康指数为亚健康不成为其区域综合承载力的约束型指标。

表 6.6　金塘岛及附近岛屿生态支持能力状况

指标	2008 年	2009 年	2010 年	2011 年	2012 年	2013 年	理想值
生态支持能力	0.2498	0.2178	0.0033	0.0720	0.1743	0.1775	0.2941

3）环境支撑能力分析

环境支撑能力指标在金塘岛及附近岛屿综合承载力评价中属于承压性指标。2008~2013 年金塘岛及附近岛屿环境支撑能力状况处于 0.004~0.22 之间波动（表 6.7），岛群区域环境支撑能力持续降低，环境支撑能力总体较弱，远低于理想值 0.4133。造成金塘岛及附近岛屿环境支撑能力指标较低的原因在于植被覆盖率、海水水质、城镇污水处理率指标值较低。植被覆盖率指标值常年保持在 65%左右，仍远低于森林覆盖率在全国 12 个海岛县中处于第一位的广东省南澳岛。城镇污水处理率指标常年保持在 17%，仍远低于金塘岛 2020 年污水处理率 90%的目标。第二类以上海水占岛群区域面积比例在 2008~2013 年期间持续大幅度下降，2008 年为 55%，到 2013 年下降为 3.9%。根据《海水水质标准》（GB2097—1997），第一类海水适用于海洋渔业水域、海上自然保护区和珍稀濒危海洋生物保护区。第二类海水适用于水产养殖区、海水浴场、人体直接接触海水的海上运动或娱乐区，以及与人类食用直接有关的工业用水区。根据《舟山海洋功能区划》，金塘岛及附近岛屿区域有 1550hm^2 的海洋捕捞区，水质标准应保持在第二类以上。根据数据分析，2008~2013 年期间，金塘岛及附近岛屿的区域开发并未严格遵循《舟山海洋功能区划》的规定，没有充分考虑到海洋捕捞区的水质保护问题。金塘岛及附近岛屿产业功能定位为港口物流岛，其附近海域环境生态健康指数为亚健康，不成为其区域综合承载力的约束型指标。

表 6.7　金塘岛及附近岛屿环境支撑能力状况

指标	2008 年	2009 年	2010 年	2011 年	2012 年	2013 年	理想值
环境支撑能力	0.2241	0.1605	0.0639	0.0485	0.0045	0.0067	0.4133

4）经济发展能力分析

经济发展能力指标在金塘岛及附近岛屿综合承载力评价中属于压力性指标。2008~2013 年金塘岛及附近岛屿经济发展压力状况处于 0.1~0.21（表 6.8），经济发展能力状况总体波动且略有下降。造成经济发展能力指标波动并略有下降的主要原因在于海洋产业增加值占 GDP 比例和地区生产总值年均增长率的波动。从指标数据看，2008~2013 年海洋产业增加值占地区总产值比例逐年下降。海洋产业增加值在地区总产值中的比例平均 50%，海洋经济已成为岛群区域经济的重要支柱。但同时应看到，金塘岛及附近岛屿区域的海洋经济的平均增速仍低于地区经济增速。

表 6.8　金塘岛及附近岛屿经济发展能力状况

指标	2008 年	2009 年	2010 年	2011 年	2012 年	2013 年	理想值
社会发展能力	0.1975	0.2085	0.1862	0.2064	0.1109	0.1321	0.4208

5）社会发展能力分析

社会发展能力指标在金塘岛及附近岛屿综合承载力评价中属于承压指标。2008~2013 年金塘岛及附近岛屿社会发展能力状况处于 0.14~0.42（表 6.9），社会发展能力呈现快速提高的趋势。从社会发展能力指标数据可看出，交通便捷性对其社会发展能力的提高起到了重要作用。历史上金塘岛和册子岛对外联系主要依靠海上交通，同时交通运输压力大，对外联系的快捷通畅性不高。大桥通车后，陆路交通对港口运输产生巨大冲击。得益于舟山（金塘）甬舟集装箱码头有限公司的不断发展，自 2010 年月正式运营集装箱吞吐量逐年提高，对区域经济发展的支撑能力逐年增强。目前，金塘岛及附近岛屿的淡水供应能力超过本区域的需求量，即理想值。舟山大陆引水三期工程包括 4 个部分 9 大项目。淡水资源已不是承载力的制约因素。2008 年，金塘岛投资 1000 余万元建成日供水能力 1 万 t 的金塘中心水厂。目前，金塘岛每日可供水 1 万 t，而实际使用 5000 t。册子岛现有供水能力为 3000t/d 的水厂一座，并由岑港老塘山引入（DN400）供水系统，可完全解决册子岛的供水。

表 6.9　金塘岛及附近岛屿社会发展能力状况

指标	2008 年	2009 年	2010 年	2011 年	2012 年	2013 年	理想值
社会发展能力	0.1452	0.1452	0.4145	0.4145	0.4148	0.4149	0.4521

6.2　金塘岛及附近岛屿综合承载力分区评价

岛群综合承载力评价是评价岛群区域整体的承载力状况。承载力评价也需要对岛群区域不同区块的承载力能力进行分析，即需要进行承载力的分区评价。这需要在之前所做研究基础上，遴选主要影响因子，构建金塘岛及附近岛屿综合承载力分区评价指标体系，借助遥感影像解译和 GIS 多准则综合评价手段，分析岛群综合承载力的空间连续分布状况。

6.2.1　基本思路

以金塘岛及附近岛屿为研究对象，以基于岛群开发导向为基本思路，基于评价单元叠加影响岛群综合承载力状况的自然属性指标、岛群连通性等要素，综合评价岛群区域承载力差异状况。研究的核心内容包括：指标体系构建、评价单元因子指标值获取、因子指标值标准化、要素因子权重确定、要素因子加权综合分析以及逐层归并分析等步骤。

6.2.2　指标体系构建

从发展定位可以看出，金塘岛及附近岛屿未来发展以港口物流开发、建设临港工业区为主。因此，在构建金塘岛及附近岛屿示范区综合承载力分异评价指标体系时，主要选择开发性指标。具体包括如下指标。

（1）地形。地形是指地势起伏的变化，即地表的形态。基础地形分析可用于辅助划分城市布局和建筑布局。根据《城市用地竖向规划规范（CJJ 83—99）》规定，城市各类建设用地最大坡度不超过 25%。一般认为，地形坡度在 25%以下适宜城市用地建设，承载能力较高。选取坡度作为指标。

（2）资源条件。金塘岛及附近岛屿拥有丰富的岸线和资源和港区资源，通过推动沿海产业有效聚集，避免岸线的不合理利用能够对承载力起到积极作用。选取深水岸线资源条件、海岛形状指数（海岛岸线长度/面积）作为衡量指标。

（3）规模集聚要素。规模效应值在一定范围内，随着规模的扩大可带来的高产出高效率。区域离周边城镇的规模越大，对区域的拉动作用也越大。采用离周边行政中心（区县、乡镇）的辐射距离作为衡量指标。

（4）区位条件。距离主要道路、港口远近表征着区域的交通区位条件，反映了区域与外界的沟通能力。选择距离舟山跨海大桥距离、临港距离作为衡量指标。

根据以上分析构建指标体系（表 6.10），并且采用层次分析法为指标赋予权重。评价时先进行单目标分析，按照对综合承载力的影响程度，将指标值分为 4 个不同的等级，即低承载、较低承载、较高承载、高承载，分别赋值为 1、3、5、7。基于 ArcGIS 软件将各评价因子制成栅格专题图，应用多目标决策综合评价指数模型，对专题图进行空间叠加分析；利用 ArcMap 将各因子表达的承载力程度分为 4 个不同的等级。最终得到岛群综合承载力的空间连续分布情况。

表 6.10 金塘岛及附近岛屿示范区综合承载力分异评价指标体系

一级指标	二级指标	1	3	5	7
地形条件指标（A_1）（0.199 721）	坡度（B_1）	＞25	12~25	4~12	0~4
资源条件指标（A_2）（0.288 048）	海岛形状指数（海岛岸线长度/面积）（B_2）（0.333 33）	＞0.5	0.1~0.5	0.005~0.1	＜0.005
	深水岸线资源（B_3）（0.666 67）	0~1000	1000~3000	3000~8000	＞8000
规模集聚指标（A_3）（0.166 304）	距离行政中心距离（B_4）（1）	＞13 000	8000~13 000	4000~8000	0~4000
区位条件（交通通达度）（A_4）（0.345 927）	港口通达性（B_5）（0.333 33）	＞15 000	10 000~15 000	5000~10 000	0~5000
	跨海大桥通达性（B_6）（0.666 67）	＞13 000	8000~13 000	4000~8000	0~4000

综合评价公式如下：

$$P=\sum_{i=1}^{n} A_i W_i \tag{6.1}$$

式中，P 为评价单元的综合评价指数；A_i 为第 i 个指标量化后的值；W_i 为第 i 个指标的权重；n 为评价因子数。

6.2.3 空间分异评价结果

应用 GIS 空间分析技术，得到评价区域的指标空间分布图及综合承载力的空间分异分布图（图 6.1）。

根据综合评价得分结果，将金塘岛及附近岛屿承载力分为 6 级，代表不同的承载能力，其中 1 级（2.5~3）、2 级（3~4）、3 级（4~4.5）、4 级（4.5~5）、5 级（5~5.5）、6 级（＞5.5），分值越高表示区域的承载力越高。由此得到金塘岛及附近岛屿综合承载力分布图（图 6.1）。

由图 6.1 可知，6 级区域主要分布在金塘岛中部和北部，册子岛中部及大鹏山岛周边海域。4 级、5 级区域占研究范围的大部分，主要分布在金塘岛南部及周边海域。3 级区域较小，主要分布在金塘岛以南海域。1 级、2 级区域主要为舟山到北部及南部岛群周边。

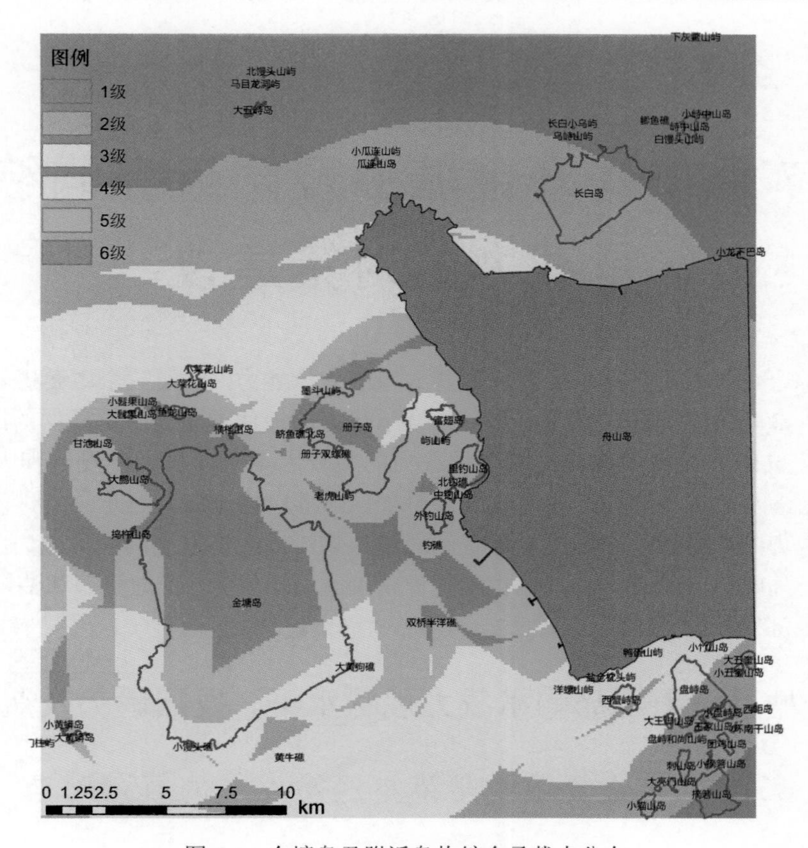

图 6.1　金塘岛及附近岛屿综合承载力分布

第7章　提升金塘岛及附近岛屿综合承载力的对策建议

岛群综合承载力是岛群对经济发展和人口的支撑能力，涉及三个主要影响因素，即岛陆资源、岛陆生态和海域环境。岛群综合承载力的评估首先要确定岛群的产业定位，依据产业定位研究相应影响岛群综合承载力的主要因素对岛群经济发展和人口的支撑作用。金塘岛及附近岛屿的产业定位较为单一，是港口物流岛。因此，金塘岛及附近岛屿综合承载力的集中体现在港区交通资源对港口物流岛经济发展的支撑能力上。对于金塘岛及附近岛屿综合承载力的评估也就是评估港区航道资源、锚地资源和泊位资源对港口物流岛经济发展的支撑能力。

7.1　金塘岛及附近岛屿承载力现状水平、发展趋势及瓶颈因素

7.1.1　航道资源不是港口经济发展的瓶颈因素

金塘岛及附近岛屿港区包括金塘港区（金塘岛）和老塘山港区（主要包括册子岛、富翅岛、里钓山岛、外钓山岛），港区共有9条航道，即：金塘水道、册子水道、西堠门水道、螺头水道等。根据计算，到2020年，港区航道通行畅通，现有港区航道资源能够支撑2020年港区经济发展的目标。

7.1.2　锚地资源是港口经济发展的瓶颈因素

金塘岛及附近岛屿港区主要锚地包括金塘锚地、野鸭山锚地、七里屿锚地，锚地面积总计19.92km^2。其中，金塘锚地面积9.36 km^2，容量为21艘3.5万t级船舶。野鸭山锚地面积6.56 km^2，容量为13艘3.5万t级船舶。七里屿锚地面积7.4km^2，是小于0.5万t级的锚地。经过计算，自2014年后，港区锚地资源始终处于紧张不足的状态。未来，锚地资源不足将是港区交通物流经济发展的瓶颈因素。

7.1.3　港区泊位资源是未来港口经济发展的瓶颈因素

金塘岛及附近岛屿港区目前共有泊位11个。经过计算，2012~2015年港区码头数量能够满足需求。但以目前泊位数量，则难以满足2020年金塘岛群港区物流经济发展需要。若满足2020年港区发展需要，则至少需要新增加6个3.5万t级港区码头泊位。

7.2　提升金塘岛群综合承载力的对策与措施

7.2.1　优化金塘岛及附近岛屿港区空间资源，实现港区空间资源利用最大化

合理规划锚地资源，对金塘岛及附件岛屿锚地资源进行详实的研究和分析，进行合理规划与功能定位。金塘岛及附近岛屿港区现有锚地的饱和度目前已经很高，锚地已经严重饱和。根据港区生产需求和未来发展等综合因素考虑，港区锚地需求量较大。建议合理规划、扩建及新建锚地，未来在现有锚地基础上优化提高现有锚地利用率，挖掘新的锚地区域。

扩建码头以增加泊位数量，优化配置现有的港区基础设施以使码头服务高效化。泊位是集装箱港口物流系统的关键因素，其数量也体现集装箱港口的规模，数量越多，但投资也越多，若到港船舶不多，便会出现该集装箱港口的泊位利用率低，造成资源浪费和经济损失。若泊位数量少，投资尽管少，但若出现到港船舶增多的情况，对于集装箱船舶而言，则等候成本增加。因此，泊位数量过多和不足都不利于港方和船方。根据计算和评估，金塘岛及附近岛屿港区目前泊位数量难以满足未来港区物流业发展需要。未来 5~10 年内应在现有基础上扩建码头以增加泊位数量，需要至少新增 6 个 3.5 万 t 级港区码头泊位。

7.2.2　大力推进海铁联运发展，加快集疏运模式转型升级

金塘岛及附近岛屿港区尽管已有跨海大桥，但货物运输仍主要以水路运输和公路运输为主，由于尚没有铁路且航空运输所占比例较小，所以现有的集疏运模式大多为相对单一的“水-水”中转。公路运输的运载能力相对于火车和水运明显不足，所形成的海陆联动的集疏运网络效率则受到影响。因此，应重视海陆联运、江海联运，水路中转的统筹规划，尽快推动铁路上岛项目建设，尽快开建北连大小洋山抵达上海、南连宁波梅山新区的高速铁路网，规划岛屿高铁建设的蓝图，加大到港货物的大陆集疏运能力，有效缓解金塘岛及附近岛屿港区锚地及泊位紧张的压力。

7.2.3　积极推进“智慧港区”建设，有效提升港区综合服务能力

编制智慧港区专项规划。智慧港区是智慧港口理念在金塘岛及附近岛屿港区的应用。智慧港口是港口发展的高级阶段，是现代管理方法、信息技术和自动化技术等在港口服务中的应用，其建设的核心是基于物联网等技术，在信息感知、处理、整合和共享基础上实现战略决策和生产计划安排的最优化，在信息整合处理的基础上，促使港区生

产的多个环节相互配合、协调一致，并能够完成生产流程自适应调整、生产设施自动分配、生产过程自动监控等。智慧港口的建设范畴涉及码头泊位生产、集疏运组织以及腹地货运管理等多个方面，是一个具有多重衡量指标的复合系统。通过编制智慧港区专项规划，积极推进“智慧港区”建设，不断弥补金塘岛及附近岛屿港区服务能力方面的“短板”，有效提升金塘岛及附近岛屿港区综合服务能力，以有效缓解金塘岛及附近岛屿港区锚地及泊位紧张的压力。

7.2.4　不断改善金塘岛及附近岛屿周边海域的水质

由于舟山港以及宁波经济的快速发展，人口不断增加，金塘岛及附近岛屿区域内污水排放量不断增多。因此，应加大力度，推动金塘岛及附近岛屿区域范围内及周边地区的污水处理工程的建设，增加污水处理能力。

第三篇　海坛岛及附近岛屿综合承载力评估

第 8 章　海坛岛及附近岛屿基本情况

随着建设平潭综合试验区的深入进行，海坛岛已经成为海峡西岸经济区中最引人注目和最具活力的地区，正在经历快速的城市化过程，人类活动这一外部引力正在此展示其不断增强态势。2011 年 11 月，国务院正式批准《平潭综合实验区总体发展规划》，自此平潭综合试验区建设上升至国家战略层面。2016 年 8 月，国务院正式批复《平潭国际旅游岛建设方案》。自此，平潭成为全国第二个国际旅游岛。因此，选择海坛岛及附近岛屿作为典型岛群区域，开展“一大多小”型岛群综合承载力评估，具有代表性（图 8.1）。

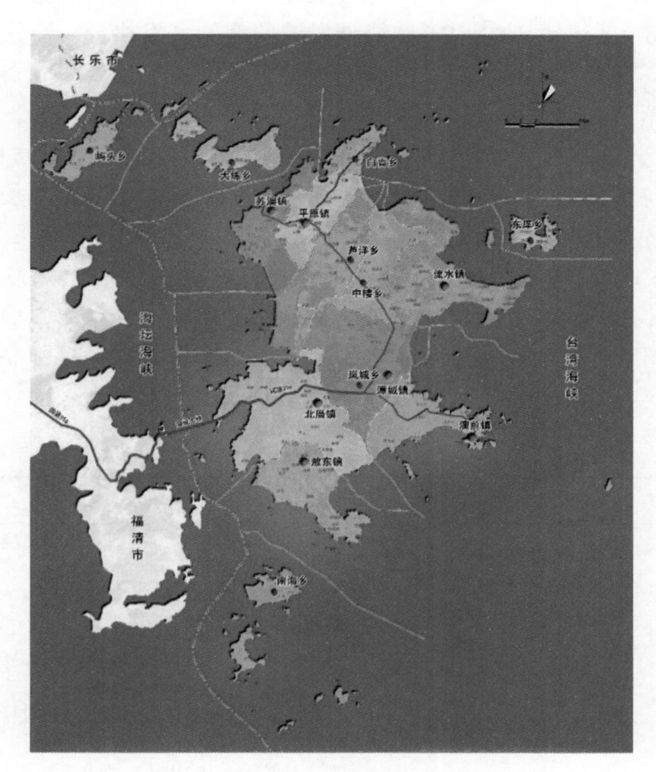

图 8.1　平潭综合实验区行政区划图

8.1　海坛岛及附近岛屿范围

海坛岛及附近岛屿位于福建省东部海域，地处福建沿海中心突出部，扼守“海上走廊”一湾海峡和闽江口咽喉，为太平洋西岸航线南北通行必经之地，岛屿及周边海域位于 25°15′~25°45′N，119°32′~120°10′E 之间。东濒台湾海峡，与台湾新竹港距离 126km，距省会福州公路里程 120 km，直线距离 70km，西邻海坛海峡，与长乐、福清、莆田三市隔海为邻，北接长乐市海域，与长乐国际机场距离 60 km，南连兴化水道，与厦门海上距离 130 km，四面临海，由 126 个大小岛屿组成，陆域总面积 392.92 km^2，海域总面积 6064 km^2。

此部分所涉及海坛岛及附近岛屿主要包括平潭综合实验区管辖的主岛海坛岛及大练岛、东庠岛等附属岛屿，形成“一大多小”型岛群。

《海峡西岸经济区发展规划》、《平潭综合实验区总体发展规划》和《国家发展改革委关于印发平潭国际旅游岛建设方案的通知》（发改社会[2016]1922 号）对海坛岛的空间开发格局和附属岛屿的发展提出了如下要求。

海坛岛是福建省面积最大的岛屿，为全国十大岛屿中与台湾岛距离最近的一个岛屿，岸线长 204.5 km，面积 324.13 km^2，主要港湾有娘宫港、竹屿港、苏澳、观音澳。海坛岛是平潭综合实验区的核心区域，要依据其自然地理特点，从有利于深化两岸经贸交流、承接台湾省产业转移、促进两岸科技文化教育合作出发，通过组团推进、分时序开发，逐步构建分工合理、功能互补、协调发展的空间开发格局。海坛岛包括中心商务区、港口经贸区、高新技术产业区、科研开发区、文化教育区、旅游休闲区。

大练岛、东庠岛等附属岛屿，是平潭综合实验区的重要组成部分。大练岛位于海坛岛西北，地处海坛海峡南北交通要冲。海岸为基岩海岸，岸线长 20.35 km，岛上设大练乡。东庠岛位于海坛岛东北，全岛由火山岩组成，多基岩海岸，岸线长 17.76 km，岛上设东庠乡。大练岛和东庠岛两个附属岛屿围绕着主岛海坛岛，形成“一大两小”的格局，在休闲旅游及港口建设等方面具有优化协同的前景，故选择海坛岛及其西北部的大练岛、东北部的东庠岛，进行岛群综合承载力评估研究。大练岛主要发展特色船舶（含游艇）修造产业，培育发展文化体验休闲旅游，东庠岛主要发展海洋观光渔业，发展海洋旅游业。主岛城（乡）及离岛乡镇功能定位与发展方向见表 8.1。

表 8.1　主岛城（乡）及离岛乡镇功能定位与发展方向

海岛	城（乡）镇	功能定位	发展方向
海坛岛	敖东	高尚住宅区及国际旅游村	主要发展高尚住宅、旅游服务、低密度旅游地产开发，海滨休闲度假
	平原	特色文化、旅游服务	重点发展南岛语族溯源、古民居等特色海岛文化，发展观光农业，配套建设旅游服务设施
	苏澳	旅游业及配套服务业	围绕泮洋石帆独特景观发展高端观光旅游业，配套建设旅游服务设施
	白青	新能源基地	发展具有观光性质的风力发电，建设可再生能源的展示与应用基地
	流水	综合改革示范镇	加快发展省级综合改革示范镇规划建设，构建城乡统筹、土地集约、人口集聚、公共服务均等化中心集镇。远景结合流水湾的发展预留建设大型港区
大练岛	大练	高尚住宅区及生态国际村，休闲旅游业，发展特色船舶（含游艇）修造产业	主要发展具有岛屿风光的高尚住宅、私人度假区、海洋文物区和水下文物。培育发展文化体验休闲旅游。发展特色船舶（含游艇）修造产业
东庠岛	东庠	海洋牧场，海洋旅游业	发展具有观光性质的海洋渔业，远景结合流水湾的发展建设大型港区。大力发展滨海休闲，形成海上休闲旅游精品

8.2　自然资源状况

8.2.1　土 地 资 源

海坛岛及附近岛屿土地资源相对充裕，地貌类型为低矮台地、丘陵和平原。主岛海坛岛陆域面积 324.13km^2，大练岛 9.96km^2，东庠岛 4.8km^2。主岛海坛岛可相对集中开发的建设用地面积为 150~160km^2（其中中部平原可建设用地约 100km^2），具有充分的开发空间。

8.2.2　淡 水 资 源

主岛海坛岛多年平均水资源量为 17 200 万 m^3，其中地表水为 11 238 万 m^3、地下水为 5962 万 m^3。岛内没有大的水系，竹屿东溪和西溪是岛上最大的两条河流，流域面积分别为 26.86 km^2 和 27.87km^2，多年平均来水量分别为 1640.89 万 m^3 和 1702.60 万 m^3，其余溪流的汇流面积均在 20 km^2 以下。大练岛年降水量 762mm。

8.2.3　岸线和港口资源

海坛岛及附近岛群海域地处亚热带，气候温暖，终年不冻，深水水域广阔，岸线曲折漫长，人均海岸线长度居福建省第一。主要分为基岩海岸、沙质海岸和泥质海岸，基岩岸线主要分布在海坛岛东部，岸线长 340 km，有港澳 220 处，主要岬角 10 处。

主岛海坛岛现有公用码头设施分布于金井、竹屿口和观音澳三处，共有 5 个公用码头、1 个渔业码头。

大练、东庠等岛屿，由于自然条件或社会经济条件限制，仅有客运的陆岛交通码头，今后这些岛屿在港口资源开发上，应以建设为满足本岛客货进出需求和增加岛际间相互关联的小型泊位为方向，以改造提高现有码头泊位为重点。

8.2.4　旅 游 资 源

海坛岛及附近岛屿旅游资源丰富，1994 年平潭综合实验区经国务院批准为国家重点名胜区，1999 年 3 月列入世界自然遗产名录，2000 年 1 月列入首批国家自然遗产名录，2006 年 1 月被评为国家自然遗产，是中国沿海待开发的世界级旅游观光休闲目的地之一。平潭综合实验区有国家一级至四级景点 128 个，并拥有我国古代海上丝绸之路古沉船等水下文物资源。海坛岛及附近岛屿的旅游资源有多种特点：沙滩型旅游资源丰富而优越；山岳奇石景观奇特而独具魅力，可以代表平潭的旅游形象，具备世界级的资源品质；工农商贸型旅游资源发展潜力巨大；海岛岛及附近岛屿示范区具有深厚的历史文化底蕴，其远古文明、宗教文化及丰厚的自然遗产是平潭旅游发展的基础。

8.2.5 渔业资源

海坛岛及附近岛屿海域辽阔，渔业环境条件优越，水质肥沃，饵料生物丰富，是多种鱼类产卵场和索饵场所，以海洋捕捞为主的渔业是平潭的传统支柱产业，水产品总产量居福建省第三位。海洋生物种类多达 1114 种，海水软体动物（贝类）有 169 种，浮游生物 266 种，水生动物有鱼、虾、蟹等 679 种，其中海洋鱼类 242 种，有经济价值较高的 20 种以上。

8.2.6 可再生资源

海坛岛及附近岛屿可再生及新能源丰富，拥有风能、潮汐能、生物质能、波浪能、潮流能、太阳能、薪柴、小水电等能源，其中风能、潮汐能、生物质能资源丰富，有较高的开发利用价值；波浪能、潮流能蕴藏量丰富，开发前景广阔；太阳能属全国一般地区；薪柴资源虽然不足，但尚有一定的发展余地。

8.2.7 非物质文化遗产

福建平潭地区居民在长期的生存发展中创造了多元的滨海民俗文化。滨海地区民俗文化以中华传统文化为基底，在接受外来文化熏陶影响下，融合本土文化特点，形成了具备滨海特色的多元民俗文化。根据滨海地区沿线各地区经济、环境、历史等因素的不同，又形成各具特色的民俗文化小区。这些具有滨海特色的民俗文化本身对游客即具有强烈的吸引力，将成为滨海旅游稳步持续发展的重要依托资源。

8.2.8 矿产资源

平潭县花岗石、石英砂储量丰富，品质优异，开采方便。花岗岩储量约 8 亿 m^3，富有名贵的红、黑、墨绿、芝麻等品种；拥有石英砂 10 亿 t，含硅酸达 96%以上，是中国唯一的标准砂厂所在地，供给全国 6700 多家水泥厂。当地的石英砂还可生产化纤过滤砂、石油压裂砂、绝缘砂、玻璃砂、型砂等多种产品。此外，还蕴藏大量的砺壳，是生产水泥、石灰的主要原料，生产鱼粉的辅助原料，年开发量 2 万 t。

8.3 自然环境状况

8.3.1 地质地貌

1. 地质

1）*地层岩性*

岛屿及海域基底均为白垩系下统石帽山群火山岩及燕山晚期侵入岩与脉岩，五套地层自新到老为：①第四系全新统长乐组海相沉积层（Q_4^{cm}），主要为灰、深灰淤泥、淤泥混砂、淤泥混砂贝壳、含砂淤泥等。②第四系更新统龙海组海相沉积层（Q_3^{lm}），主要为深灰色淤泥质黏土、有机质黏土、砂等。③第四系更新统坡积~冲积层（Q^{dl-al}），主要为碎石、砾石、亚砂土等。④第四系更新统坡积~冲积层（Q^{el}），主要为土黄色残积砂质黏性土。⑤前第四系基岩：白垩系石帽山群火山岩（K_1^{sh1}），主要为灰黑色英安质含火山角砾凝灰熔岩。燕山晚期侵入花岗闪长岩（$r\sigma_5^3$），为灰黑色中粒，暗色矿物可见黑云母和角闪石，主要分布于平潭岛东南侧和分流尾等小岛屿、小山东至娘宫桥位中部基底。脉岩，主要为深灰色细晶闪长岩、玢岩、闪长玢岩等，厚度一般 2~4m，北青屿岛上厚度可达 10 余 m，产状以北北东和北东向为主，倾向西北或南东，倾角陡达 75°~80°，上部常呈褐红色土状风化，在海峡两岸及海域基底岩层中均十分发育。

2）地质构造

地质构造单元属于闽东火山断拗带的次级构造单元-闽东南沿海变质带（即大陆边缘拗陷带）。桥位区的地质构造主要受区域性长乐-南澳深大断裂控制，其构造形迹以长条状高角度裂隙为其主要特征，裂隙走向以北向为主，部分为北东向，但分布频率不均匀，局部裂隙密集出现，个别有小型断层破碎带出现。

2. 地貌

海坛岛及附近岛屿地形属木兰溪与龙江丘陵台地平原岛屿区。侏罗纪后期的燕山运动，大规模的岩浆喷发和岩浆侵入伴随着强烈的断裂运动，明显控制着县域地貌和海岸带的发育。在各种内外营力的长期作用下，形成岛礁、港湾、丘陵与平原相间排列等多种类型地貌。而海岸带地貌的发育明显受北北东—北东走向的断裂控制，港湾众多，海岸曲折，港湾、半岛、岛屿的形态多具规则的定向排列特征。东海岸多港湾、暗礁；西海岸多泥沙、海涂。区内地貌类型主要有丘陵、台地、滨海平原、湖泊、滩涂和海岸。

8.3.2　水　　文

1. 陆地水文

（1）地表水。海坛岛及附近岛屿年降水量在 900~1200mm 之间，多年平均降水量为 1180.9mm，但分布不平衡。由于地形制约，水系极不发达，地表水量十分有限。海坛岛及附近岛屿无江河水系，只有 46 条时令溪，溪流短、流量小，均独流入海。三十六脚湖集水面积 13.4km^2，是福建省最大的天然淡水湖。由于地形限制，水系极不发育，地表水量十分有限。

（2）地下水。地下水主要由大气降水补给，其储存条件与分布规律严格受地层岩性、地质构造、地形地貌等因素影响。在丘陵台地地区，主要是风化带网状裂隙水，资源贫乏；在滨海平原区，主要是松散岩类孔隙水，资源较丰富。前者分布于屿头、大练、白青、苏澳、东庠、北厝、敖东、流水等地，后者分布于芦洋、中楼、流水、潭城、澳前等地。据钻探测算，全县地下水资源量为 5.176×10^{7}m^3，主要分布在海积平原含水区内，如芦洋埔富水区（芦洋埔南北两端及酒店洋一带）、黄土墩承压富水区（芦洋埔平原中部黄土墩一带）、流水富水区（流水东部及裕藩一带）、潭城富水区（潭城镇南部、东北部平原地区）。

2. 海域水文

海坛岛及附近岛屿四面临海，其中 0~5m 等深线范围面积 131.57km^2，5~10m 等深线面积 114.04 km^2，10~20m 等深线面积 256.39km^2。

（1）水温。年平均海水表层温度为 19.4~20.1℃，以 8~9 月为最高，月平均 26.3~27.0℃。

（2）盐度。海水盐度年平均值为 30.46‰~31.89‰，以 7~8 月为最高，11~2 月为最低。

（3）潮汐。平潭海域属半日潮类型，每昼夜出现两次涨潮和两次落潮。

（4）潮流流速。海域潮流变化复杂，主要是来复潮，个别为直线流。最大潮为 7.517m，小潮为 3.019m，水深 40m 以内的沿岸海域的潮流为西北、东南流。据测定，平均流速为 0.161m/s，最小 0.082m/s，最大 1.763m/s。

8.3.3 气候气象

海坛岛海区属典型的南亚热带海洋性季风气候，光照充足，热量丰富，终年气温较高，基本无霜冻，季风较明显，干湿季分明。

（1）气压。多年平均气压为 1010.1hPa，年平均气压最大值为 1011.1hPa。

（2）气温。年平均气温为 19.4℃，年平均气温最大值为 20.5℃（2002 年），最小值为 18.4℃（1984 年）。

（3）湿度。多年年平均相对湿度为 84%，年平均相对湿度最大值为 87%（1990 年），年平均相对湿度最小值为 82%。

（4）降水。多年平均降水量为 1192.6mm，最多 1739.9mm（1983 年），最少 818.3mm（1999 年）。

（5）雾。多年平均雾日约 29 天，年最多雾日 48 天（1987 年），年最少雾日 7 天（2000 年）。一年中雾日集中在 3~5 月，平均雾日 6~7 天，8~12 月雾日极少，平均为每月 0.1~0.4 天，9 月无雾日。

（6）风。根据 1980 年 1 月~2002 年 12 月资料统计，多年平均风速为 9.0m/s，年平均风速最大为 10.1m/s（1988 年），最小为 7.5m/s（2002 年）。

（7）腐蚀性。由于地处海岛，空气潮湿且含盐量大，对木材、钢材、混凝土等均有腐蚀作用。

8.3.4 土壤植被

（1）土壤。示范区土壤属南亚热带季雨林条件下形成的土壤类型。据土壤普查资料统计，全区土壤有 6 个土类、14 个亚类、25 个土属、34 个土种。其共同特点是植被稀疏，土层薄弱，养分含量少。

（2）植被。区内现有植被多为人工植被，不仅种类少，且结构单一。呈现明显旱中生特征，森林群落均为人工林，最主要的有滨海沙地和台地上的木麻黄（Casuarina equsetifolia）林、黑松（Pinus thunbengii）林、台湾相思树（Acaciaconfusa Merr）林等；荒山荒坡上主要分布着较为耐旱的旱中生灌丛和草本植物群落，如仙人掌（*Opuntia dillenii*）、龙舌兰（*Agave americana*）。农作物有水稻、豆类、花卉等 14 类粮食作物、28 种经济作物和 200 种花卉。

8.3.5　自然灾害

（1）台风。平潭四面环海，每年夏秋两季正面影响福建的台风都给平潭带来巨大的影响，每年达 3~5 次之多。台风破坏性很大，往往狂风发作，还带来暴雨，甚至风暴潮迸发，酿成重大灾害。根据平潭县气象局台风资料统计，1976~2010 年，共有 210 个台风进区，其中造成较大影响（降水大于 38mm，风力大于 8 级）的有 57 个。

（2）大风。除台风影响过程出现的大风外，平潭秋、冬、春三季受北方南下冷空气影响，常有 7 级以上的大风，并且多是全县性的；另遇强对流天气系统影响时，也会有局部的雷雨大风出现。10 月至翌年 2 月大风（东北风）日数为多，特别是 11 月份，风力往往较大。7~8 月除有台风外，一般较少。大风的年际变化也较大，潭城（县站）1996 年大风日数 47 天，而 1998 年仅 7 天。大风对渔业生产、航运、农业、各种工程设施等有着不同程度的危害。尤其是 5~6 月、9~10 月正当早、晚稻抽穗扬花授粉，遇上大风影响，致使空壳率增加，倒伏掉粒，产量下降；晚台风又往往和“九降风”叠加造成长时间持续大风，刮打甘薯，使其枯焦、折损而减产。

（3）暴雨。日降水量≥50mm 称为暴雨。平潭地域面积小，地形差异也较小，暴雨多为全县性的。潭城（县站）1995~2008 年记录暴雨日数有 73 天，年平均 5.2 天，最多年 2002 年有 11 天，最少年 1997 年和 1998 年仅有 2 天。5~6 月梅雨季暴雨出现 33 天占 45.2%，7~9 月台风季暴雨 29 天占 39.7%，可见 5~9 月总的比率与历史同期差别不大（1953~1994 年 5~6 月梅雨季暴雨占 41.4%，7~9 月台风季暴雨占 42.8%），3~4 月和 10~11 月份合计有暴雨日 11 天。

（4）干旱。平潭是福建的重旱区之一，历史上的旱情记载和 50 多年来气象资料，都印证“十年九旱”的真实状况。春旱主要影响水稻溶田和花生、大豆等农作物的播种，以及小麦等的生长。夏秋旱影响花生钉针结荚，对甘薯的茎叶生长、薯块营养积累都十分不利。冬旱主要影响晚薯膨大和大麦、小麦等冬种作物的播种和生长。

（5）地震。平潭地处 7、8、9 裂度区，城关以北裂度为 7，城关以南裂度为 8，南海乡裂度为 9；长乐-诏安断裂带经过平潭岛。100 多年来平潭没有发生过破坏性、灾难性地震。平潭为地震危险监测区，台湾 7 级以上地震都会波及影响平潭。

（6）赤潮。海坛岛及附近岛屿周边海域发生赤潮次数也呈增多趋势，平均每年发生 1~3 起赤潮，给平潭的海水养殖业、旅游业造成一定经济损失。从 2004 年，国家在平潭建立了平潭赤潮监控区，加强了赤潮的监视监测工作。从 2004~2012 年统计的赤潮发生情况来看，赤潮发生的海域主要集中在平潭的龙王头海水浴场、流水海域和东澳海域；从统计的赤潮集中发生时间段看，平潭海域赤潮 5 月发生次数最多，延续时间最长，4 月底和 6 月也有发生（图 8.2）。

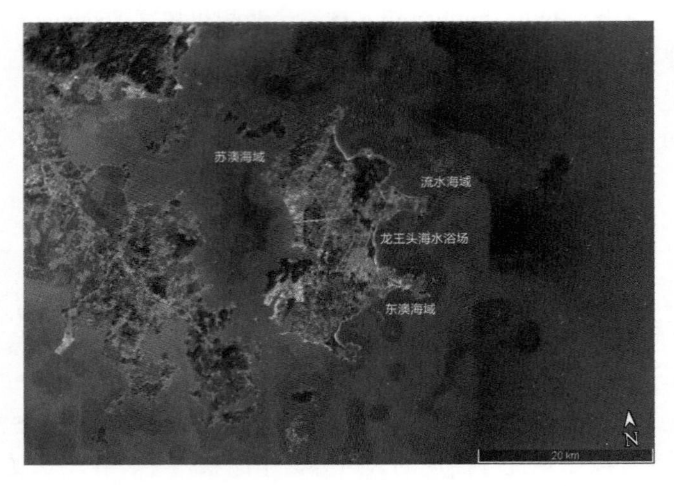

图 8.2　海坛岛及附近岛屿发生赤潮主要海域

8.4　社会经济状况

8.4.1　社 会 条 件

截至 2012 年，海坛岛及附近岛屿划分为 7 镇 8 乡：潭城镇、苏澳镇、流水镇、澳前镇、北厝镇、平原镇、敖东镇，白青乡、大练乡、芦洋乡、中楼乡、东庠乡、岚城乡、屿头乡、南海乡。居委会、行政村共计 200 个，县政府驻潭城镇新区。2012 年末常住总人口达 403 510.35 万人，人口密度为 1052 人/km^2，远高于同期福州市平均人口密度（581 人/km^2）。周边水路交通便利，水深港阔，具备建设大型港口的自然条件。

8.4.2　经 济 发 展

2012 年海坛岛及附近岛屿经济持续较快发展，实现地区生产总值 137.94 亿元，比增 18.1%。其中：第一产业增加值完成 33.54 亿元，比增 4.0%；第二产业增加值完成 48.22 亿元，比增 44.0%；第三产业增加值完成 56.18 亿元，比增 10.4%。财政收入继续保持两位数的增长，财政总收入（不含基金）完成 13.4 亿元，比增 27.5%。农业总产值完成 58.8 亿元，比增 4.1%、工业总产值完成 36.5 亿元，比增 5.0%。全年新增外资企业 50 家，投资总额 2.27 亿美元；合同外资 9934 万美元，外商直接投资 1.6 亿美元，比增 18.5%；出口总值 1000 万美元，比增 42.9%（图 8.3，图 8.4）。

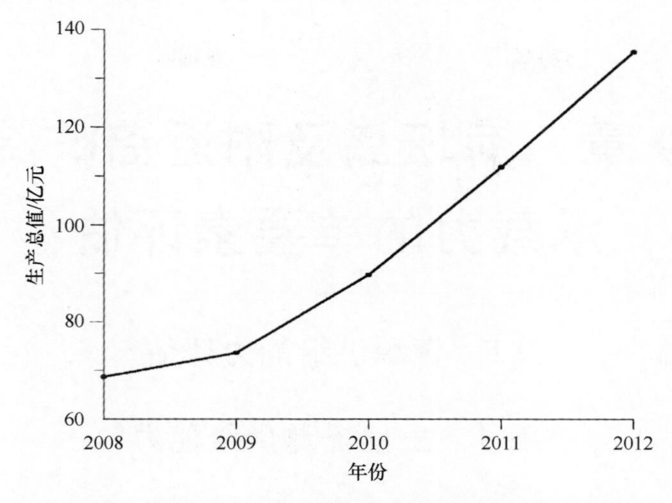

图 8.3　2008~2012 年海坛岛及附近岛屿经济增长趋势

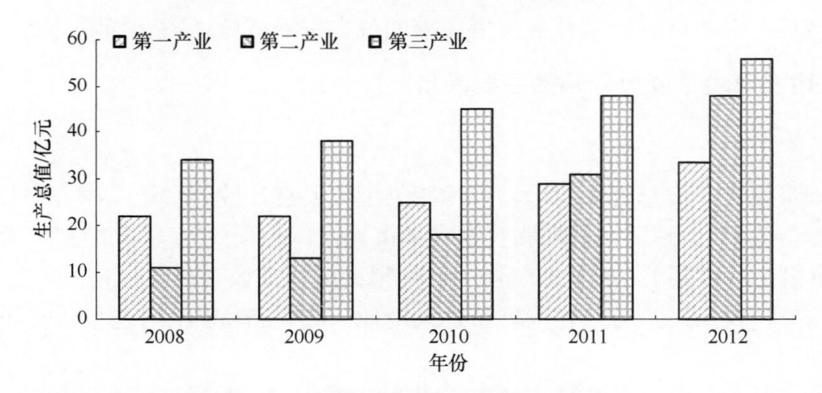

图 8.4　2008~2012 年海坛岛及附近岛屿产业结构

第9章　海坛岛及附近岛屿综合承载力的单要素评估

9.1　资源供给能力评估

9.1.1　土地资源供给能力

土地资源供给能力是指评价区域自身天然具有的，不可流动的土地资源科学可供开发建设的规模，对本区域经济社会发展需求的最大保障程度（图9.1）。

1. 土地资源供给能力影响的主要因素

1）自然因素

（1）地形条件。海坛岛及附近岛屿地貌类型主要有丘陵、台地、滨海平原、湖泊、滩涂和海岸，高程50m以上用地比较适宜城市建设；高程50m以上不宜作为城市建设用地。按照相关技术要求，坡度10%以下的用地比较适宜城市开发建设；坡度10%~25%需对用地进行一定改造后方可作为城市建设用地；坡度25%以上用地不适宜作为城市建设用地。

（2）地质条件。海坛岛及附近岛屿地层出露简单，除第四系松散沉积物外，均为中生代火山岩系的侏罗系（南园组及小溪组）、白垩系（石帽山群）及燕山早期和晚期侵入岩。境内构造以断裂为主，属华夏构造体系，主要分布在白青-苏澳、南寨山及澳前一带。海坛岛及附近岛屿地质灾害具有相对集中、突发性强、危害性大、台风暴雨型等特点。地质灾害易发区主要分布于芦洋埔标准砂中楼矿段等矿区、三十六脚湖等小型以上水库、白青-苏澳、君山、北厝-敖东等坡度大于15°的土质斜坡及坡脚、地质结构面与斜坡坡向同向且倾角小于坡角的岩质斜坡及坡脚地带。

（3）水文条件。海坛岛及附近岛屿四面环海，易于排洪，一般洪灾比内陆轻，但遇大潮，海潮顶托，泄洪缓慢，则涝害加剧。特别是上攀洋、凤美洋、仙霞洋、东昆洋以及芦洋埔等低洼平原涝害最为严重。

综合考虑地形、地质、水文等影响下用地适宜性分类如下：

一类用地是适宜建设用地，指坡度小于10°，地面自然标高在3.5~4m以上、50m以下，一般不需要采取工程准备措施就可修建的用地，海坛主岛用地面积约112.79km^2。主要分布在现状城区、芦洋乡、平原镇、中楼乡和流水镇周边地区。

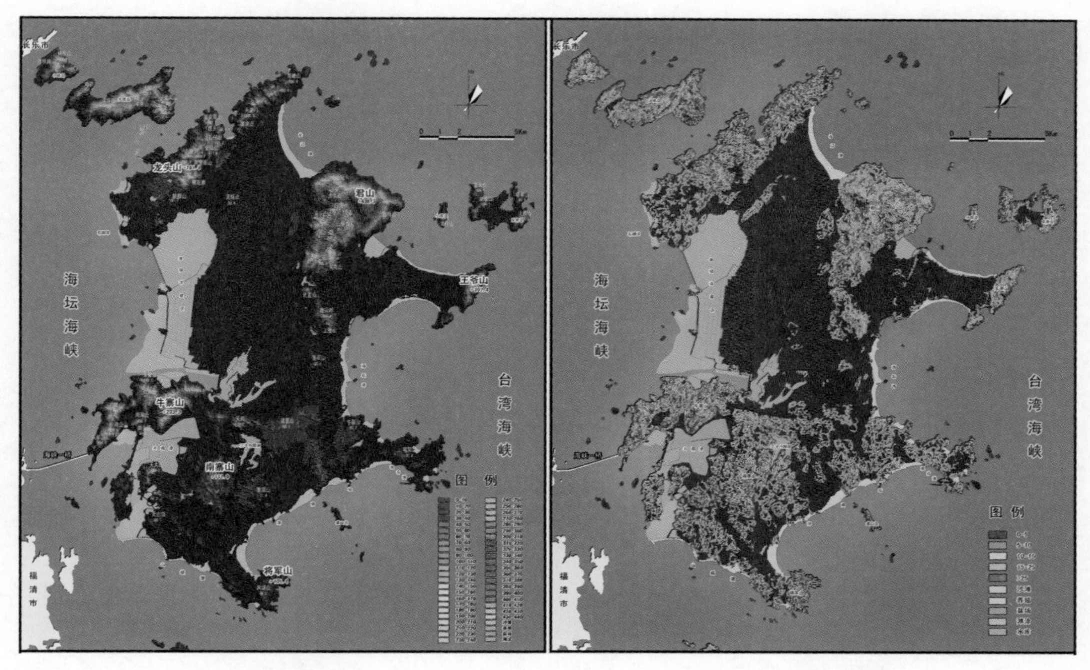

(a) 高程分析图　　(b) 坡度分析图

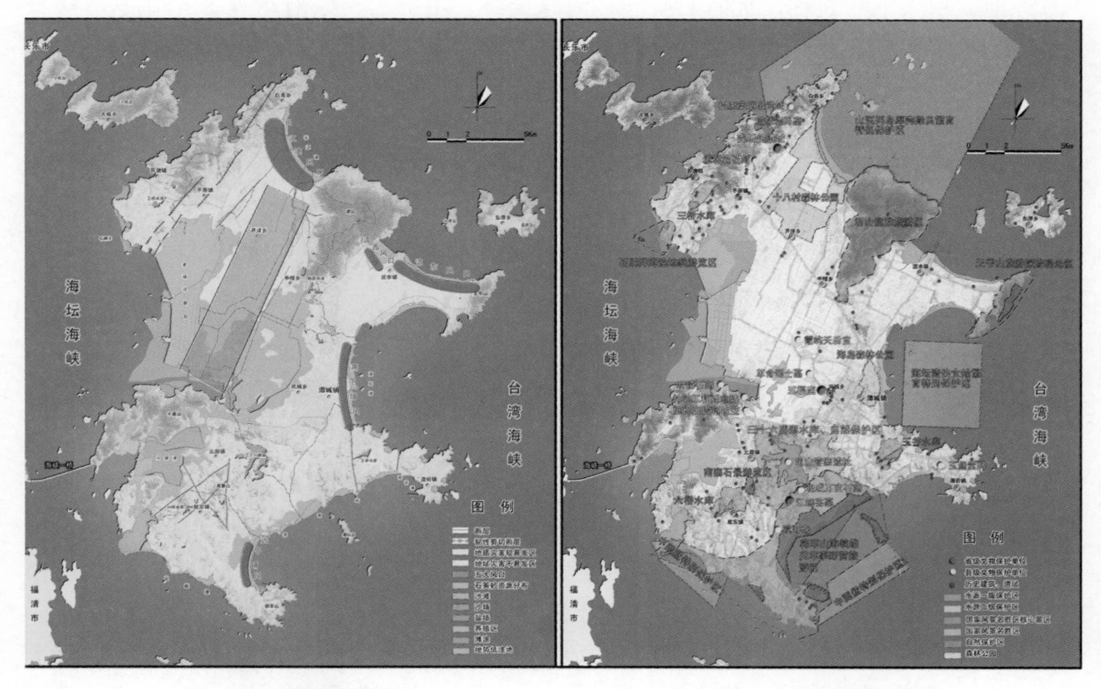

(c) 自然条件影响分析图　　(d) 人文、生态旅游资源分布图

图 9.1　海坛岛及附近岛屿示范区土地资源供给能力制约因素分析图

二类用地是基本适宜建设用地，指坡度在10°~25°，地面自然标高在3.5~4m以下和50m以上，需经一定的工程准备和防护措施方可使用的用地，海坛主岛面积约152.21 km^2。主要为丘陵地和海积平原以及陆海相交互沉积平原，分别分布于敖东、北厝、澳前、苏澳的丘陵山地和芦洋西南部滨海积平原、岚城西部西溪下游、火烧港盐场、幸福洋垦区及其相连的低洼地段。

三类用地是不适宜建设的用地，指坡度在25°以上、地面自然标高在50m以上的用地，海坛主岛面积约59.13km^2。主要包括龙头山、君山、王爷山、牛寨山和将军山等，可辟为绿化用地，适宜作为生态林地使用。

2）社会因素

（1）生态环境保护。生态敏感区对海岛生态系统维持和发展有重要的关系。该类用地主要包括各类自然保护区、饮用水源保护区、自然山体、沙滩、防护林带、城市生态廊道等。生态敏感区极具敏感性，必须在城市规划中加以充分保护。海坛主岛主要考虑保护白青-苏澳丘陵台地、君山-杨梅山-龙兴岭丘陵、北厝敖东和澳前西部丘陵台地（含三十六脚湖自然保护区、饮用水源保护区）和长江澳、流水半岛北部、海坛湾燕下埔、坛南湾远中埔防风固沙基干林带。

（2）风景名胜保护。海坛岛及附近岛屿风景旅游资源丰富，素有“海滨沙滩冠全国”、“海蚀地貌甲天下”之称，拥有石牌洋、海坛天神、王爷山、坛南湾等8个国家一级景点、23个二级景点、57个三级景点、40个四级景点；同时拥有海岛国家森林公园、十八村森林公园一级一批人文旅游景点，必须加以保护。海坛主岛陆域部分国家风景名胜区占地约49km^2，森林公园占地约13km^2。

（3）景观价值。原则上应维持海岛主要山水格局骨架，构建视觉通廊。对于海坛主岛内的主要山体如君山、王爷山、龙头山、牛寨山等应保持其山体的相对完整性，而对于相对零散的且靠近潜力较大的小块山体，尽量根据城市绿地规划予以保护，部分可以采取推山填低的方式进行改造。

2. 海坛岛及附近岛屿土地供给能力

在工程地质条件评价的基础上，综合考虑海岛生态安全、提升海岛整体生态环境品质和塑造海岛景观风貌的要求，岛内应留有一定规模的自然、生态用地，包括各类保护区用地、风景名胜区用地、防护林带、生态缓冲区等。同时，由于部分用地分布零散，虽然满足城市建设条件，但由于周边建设限制条件因素较多，建设改造成本投资大，所以不适宜用于城市建设用地。经测算，海坛主岛扣除已建建设用地40.65km^2，其中城镇居民点用地31.88km^2，可用于城市建设用地集中开发的城市建设规模为130~140km^2，海坛主岛还拥有广阔的滩涂资源可用于填海造地。整个海坛岛及附近岛屿发展采取以主岛带小岛，所有小岛以生态休闲功能服务大岛，具备开发建设条件的小岛12座，面积约为40km^2，不作为城市建设用地予以考虑。

9.1.2 岸线资源供给能力

岸线在地理学概念中为海水面与陆地接触的分界线，其位置随着潮水的涨落而变动，也因海陆分布的变化而改变。在资源经济学中岸线是一个空间概念，指可实现一定功能的空间区域，包括一定范围的水域和陆域，是水域和陆域的结合地带。岸线资源供给能力是指评价区域自身天然具有的，不可流动的岸线资源科学可供利用的规模，对本区域经济社会发展需求的最大保障程度。一般重点是指港口岸线资源、旅游岸线资源。

1. 港口岸线资源

港口岸线是指适宜于建设各种港口码头的岸线，包括一定范围的通航水域和陆域，其中，水域需具备满足船舶进出港的水深条件，陆域需建设必要的货物堆场和集疏运道路。海坛岛金井-刀架屿、流水澳自然岸线天然水深条件及陆域后方条件较好，通航条件便利，其中金井-刀架屿岸段 4.7km 可建设 1~15 万吨级大中型泊位，岸前水域宽度 2000~3000m，流水澳自然岸线长度 15.6km，岸段水深在–10~–6m，均可用于港口建设，目前海坛岛及附近岛屿开发有 5 个公用码头和 1 个渔业码头，除金井 5000 吨级码头外，其余均为 100~100 吨级码头，以及 20 个陆岛交通码头，可供开发空间较大（表 9.1）。

表 9.1　海坛岛及附近岛屿公用及渔业码头现状

码头名称	主要用途	泊位数	靠泊吨级/DWT	年通过能力/万 t
平潭金井港务码头	钢材、水泥、砂	2	5000	20
平潭竹屿口木帆船码头	矿建材料（砂）	5	100	2
平潭竹屿口方舟码头	矿建材料（砂）	3	500	10
中国标准砂厂码头	矿建材料（砂）	2	200	2
平潭东澳渔业码头	渔船靠泊	3	1000	—
平潭东澳油码头	成品油	1	500	—

2. 旅游岸线资源

旅游岸线资源主要表现为沙滩岸线资源。海坛岛及附近岛屿沙滩资源主要分布在海坛湾、坛南湾、长江澳及流水、芬尾等地区，岸线比较平直，海岸带低平，潮间带宽阔，海积地貌相当发育，往往形成沙嘴、沙堤和沙坝。海坛湾沙滩长近 70km，沙滩岸线在 2.5m 以上有 8 处，目前已经开发利用的主要有龙凤头度假区，未来具有很多开发空间。

9.1.3 浅海资源供给能力

海坛岛及附近岛屿浅海海域水质肥沃，是多种鱼类产卵场和索饵场，海洋生物种类多达 934 种，海水软体动物（贝类）有 169 种，浮游生物 266 种，水生动物有鱼、虾、蟹等 679 种，其中海洋鱼类 242 种，有经济价值较高的 20 种以上，主要有大黄鱼、鳗鱼、银鲳、马鲛鱼、蓝圆鲹、鲐鱼、大甲鲹、金色小沙丁鱼、石斑鱼、鲫鱼、白姑鱼、日本鳀、日本鳗鱼丽苗等，此外还有经济价值高的名贵水生珍稀动物，如中国鲎、锯缘青蟹、鲍鱼、厚壳贻贝、龙虾、海胆等。

海坛岛及附近岛屿潮间带滩涂面积约 6292 hm^2，现已开发利用养殖 4280 hm^2。此外浅海水产养殖区主要分布于海坛海峡东侧海域、观音澳海域、大小练岛周边、草屿岛周边海域。众多的海洋生物资源和海域滩涂为海坛岛及附近岛屿海洋渔业发展奠定了物质基础。2011 年海坛岛及附近岛屿水产品总产量 380 650t，渔业总产值达到 454 404 亿元。2012 年渔业实现增加值 28.2 亿元，占海坛岛及附近岛屿生产总值的 20.8%，对生产总值的贡献率达到 4.6%，为地区海洋经济发展提供了有力的支撑。

9.1.4　旅游资源供给能力

海坛岛及附近岛屿旅游资源主要分为沙滩型旅游资源、山岳奇石景观旅游资源、人文旅游资源。海坛岛及附近岛屿拥有绵长沙滩岸线，滩面广阔、坡度平缓，沙质适中、洁净，符合休闲度假与海滨运动要求；山岳奇石景观奇特而独具魅力，具备世界级资源品质，地形地貌与海蚀、风蚀形成多样奇石景观，尤其以球状风化最具特色；海坛岛及附近岛屿有深厚的历史文化底蕴、人类的远古文明及宗教文化遗产等。目前海坛岛及附近岛屿旅游资源尚未完全开发，风景名胜旅游、物质文化旅游等项目开发有待进一步挖掘和提升。2009~2012 年，旅游接待人数从 31.7 万人次增加到 128.6 万人次，年均增长 59.5%；旅游收入从 0.58 亿元增加到 2.7 亿元，年均增长 69.3 %，2012 年旅游收入占 GDP 的 2.0%，全年接待国内外游客 115 万次，实现旅游收入 1.84 亿元。

9.1.5　淡水资源供给能力

海坛岛及附近岛屿没有大的淡水水系，多年平均水资源量为 17 200m^3。地表水 11 238 万 m^3，其中，竹屿东溪和西溪是海坛岛及附近岛屿最大的两条河流，流域面积分别为 26.86 km^2 和 27.87km^2，多年平均来水量分别为 1640.89 万 m^3 和 1702.6 万 m^3；地下水为 5962 万 m^3。目前已实施岛外引水工程，来改善缓解淡水资源紧缺的局面。

9.1.6　岛群综合供给能力评价

对于比较复杂的事物，通常单个指标难以反映事物的主要特征，需要由多个具有内在联系的指标按一定结构层次组合在一起构成指标体系，以便更全面更综合地反映复杂事物的不同侧面。因此，在进行海坛岛及附近岛屿资源供给能力评价指标体系的设计时，尽可能站在综合的、动态的、反馈的及可持续的角度，涵盖复合系统各个方面，坚持构建与模拟相结合，反复对比筛选，反复验证调整，力求做到科学合理。依据岛群资源供给能力评价的实际需求，结合岛群系统的特点，采用理论分析、专家咨询等方法，建立了评价指标体系，共包括 6 个评价指标，对资源供给能力进行全面系统的测量（表 9.2）。

表 9.2　岛群资源供给能力指标体系说明

指标层	指标说明	现值	理想值	标准化值
可供开发建设土地面积（$A1$）	可供开发建设用地面积显示了海岛土地资源的开发利用潜力，越大说明开发潜力越大，空间资源供给能力强。参考平潭综合实验区土地利用总体规划，以 2030 年预期增加建设用地总规模为理想值，依据现有可供开发建设土地面积与理想值比值标准化，取值范围 0~1，现值超过理想值标准化结果为 1	98.48km^2 主岛	99.58km^2	0.98
人均淡水资源量（$A2$）	以自然条件下人均淡水资源占有量指标体现，该指标评价海岛淡水资源的供给能力。淡水资源丰富，资源供给能力强。福建省人均淡水量以此作为淡水资源的理想值。依据现有值与理想值比值标准化，取值范围 0~1	人均 453m^3	1900m^3	0.24
港址资源（$A3$）	港口岸线长度在一定程度上代表了港址资源的富集程度，港口岸线长度越长，资源供给能力越强。参考平潭综合实验区总体规划，以 2020 年规划建设港口岸线长度为理想值，依据现有可利用港口岸线长度与理想值的比值标准化，取值范围 0~1，现值超过理想值标准化结果为 1	10.4km	4.4km	1
旅游单体最高级别（$A4$）	以岛群内旅游单体最高级别衡量，旅游资源的单体最高级别越高，资源供给能力越强.以旅游单体最高级别 5 级为理想值	5 级	5 级	1
风力资源（$A5$）	以可供开发的风能资源代表风力资源，风能资源在一定程度上反映了岛群新能源的发达程度，风能资源开发量越大，资源供给能力越大。参考平潭综合实验区总体规划，以 2020 年风电装机总量规划值作为理想值，根据现有可利用开发风力发电规模与理想值比值标准化，取值范围 0~1，现值超过理想值标准化结果为 1	100 万 kW	50 万 kW	1
邻近度指数（$A6$）	岛岛之间的临近度指数描述岛群之间联系程度，取值越大，表明岛群集聚效应越好，资源供给能力越强。邻近度指数：$\mathrm{PX}=\sum_{i=1}^{N}\left[\dfrac{A(i)/\mathrm{NND}(i)}{\sum_{i=1}^{N}A(i)/\mathrm{NND}(i)}\right]$ 式中，PX 为邻近度指数；A（i）为每个海岛的面积；NND（i）为海岛 i 到其相邻海岛的最小距离。PX 取值为 0~1。值越大，表明海岛群聚效应越高，资源供给能力越强	海坛岛面积 324.13 km^2，大练岛 9.96 km^2，东庠岛 4.8 km^2。主岛到东庠岛 2.1 km，主岛到大练岛 1.1 km	1	1

注：现状值数据主要来源于历年平潭统计年鉴以及相关规划、环境公报及其他相关研究文献；理想值主要依据相关规划和有关标准确定。土地采用规划值，人均淡水采用福建省平均值、港口岸线采用规划值、旅游单体采用 5 级标准值，邻近度指数为 1。

指标权重采用层次分析法确定（表 9.3），综合评价方法是在指标权重分配和指标标准化处理的基础上进行的，岛群资源供给能力的支持力度指数：

$$A=\sum_{i=1}^{n}W_i\ X_i \tag{9.1}$$

式中，A 为指数；W_i 为指标权重；X_i 为各指标标准化结果。取值范围为[0，1]，其值越大，表明该子系统对岛群资源供给能力支持力度越大，按照标准化得分划分为 3 个等级：[0.8，1]表示支持力度很大，[0.5，0.8]表示支持力度一般，[0，0.5]表示支持力度较差。

表 9.3　海坛岛及附近岛屿资源供给能力测算结果

目标层	指标层	指标实际值	标准化值	权重值	子目标层分值
岛群供给能力综合指数	可供开发建设土地面积（*A*1）	98.48 km^2 主岛	0.98	0.294	0.90
	人均淡水资源量（*A*2）	453 m^3	0.24	0.096	
	港址资源（*A*3）	10.4 km	1	0.096	
	旅游景区单体最高级别（*A*4）	5 级	1	0.294	
	风力资源（*A*5）	100 万 kW	1	0.054	
	临近度指数（*A*6）	海坛岛面积 324.13 km^2，大练岛 9.96 km^2，东庠岛 4.8 km^2。主岛到东庠岛 2.1 km，主岛到大练岛 1.1 km	1	0.167	

根据岛群资源供给能力测算结果表明，海坛岛及附近岛屿资源供给能力综合指数为 0.90，资源供给能力较强水平。其中，以可供开发建设土地面积、港址资源、旅游资源、风力资源及临近度指数为供给能力支持因子，而人均淡水资源测评结果表现为限制性因子。就海坛岛及附近岛屿而言，土地资源、海岛旅游资源以及由此为依托发展的旅游产业、港址资源、风力资源及交通通达性是支持岛群的主导性产业，而相对的限制性因素则更体现了对淡水资源的需求，因此，就海坛岛及附近岛屿资源供给而言，土地资源、港址资源、旅游资源条件、风力资源具有较大资源供给能力潜力。

9.2　生态支持能力评估

9.2.1　评价指标体系

根据国家海洋局发布的《近岸海洋生态健康评价指南》中对河口及海湾生态系统健康状况的评价方法，建立生态系统健康评价模型（国家海洋局，2005）。该方法包括水环境、沉积环境、生物残毒、栖息地和生物五类指标及权重（表 9.4）。

表 9.4　海坛岛及附近岛屿生态健康指数评价指标体系

目标层（权重）	准则层（权重）	指标层
生态健康评价（1）	水环境（0.15）	溶解氧
		pH
		活性磷酸盐
		无机氮
		石油类
	沉积环境（0.1）	有机碳含量
		硫化物含量
	生物残毒（0.1）	Hg
		Cd
		Pb
		As
		油类

续表

目标层（权重）	准则层（权重）	指标层
生态健康评价（1）	栖息地（0.15）	5 年内滨海湿地生境减少
		沉积物主要组分含量年度变化
	生物（0.5）	浮游植物密度
		浮游动物密度
		浮游动物生物量
		鱼卵及仔鱼密度
		底栖动物密度
		底栖动物生物量

注：括号内数字为该指标权重

9.2.2　生态支持能力评估所需数据来源

开展海坛岛及附近岛屿海洋生态系统健康评价所需资料和数据包括：福建海洋研究所于 2010 年 9 月的采样分析资料；2012 年福建主要海湾环境质量监测数据（海坛岛部分）；国家海洋局第三海洋研究所于 2013 年 5 月的采样分析资料；2007 年与 2012 年研究区的遥感影像解译图。

9.2.3　评 价 结 果

1. 水环境

2012 年 1 月水环境健康评价结果 Windx=11.83，11≤Windx≤15，判定水环境为健康。各站位溶解氧、盐度年际变化，pH、石油类指标赋值较高，相对健康，而活性磷磷酸盐和无机氮成为影响评价水环境健康状况的主要因素（表 9.5）。

表 9.5　2012 年 1 月水环境健康评估指标与赋值

站位	溶解氧	盐度年际变化	pH	活性磷酸盐	无机氮	石油类
HT01	15	15	15	5	5	15
HT02	15	15	15	5	5	15
HT03	15	15	15	5	5	15
HT04	15	15	15	5	5	15
HT05	15	15	15	5	5	15
HT06	15	15	15	5	5	15
HT07	15	15	15	10	5	15
HT08	15	15	15	5	5	15
HT09	15	15	15	5	5	15
HT10	15	15	15	10	5	15
赋值	15	15	15	6	5	15

注：盐度年际变化采用 2011 年海坛岛附近海域监测数据

2012 年 5 月的水环境处于健康状态，Windx=14，与 1 月水环境健康状况相比，无机氮仍是成为水环境健康与否的限制因素（表 9.6）。

表 9.6　2012 年 5 月水环境健康评估指标与赋值

站位	溶解氧	盐度年际变化	pH	活性磷酸盐	无机氮	石油类
HT01	15	15	15	15	5	15
HT02	15	15	15	15	10	15
HT03	15	15	15	15	5	15
HT04	15	15	15	15	5	15
HT05	15	15	15	15	5	15
HT06	15	15	15	10	10	15
HT07	15	15	15	15	10	15
HT08	15	15	15	15	15	15
HT09	15	15	15	15	15	15
HT10	15	15	15	15	15	15
赋值	15	15	15	14.5	9.5	15

在 2012 年 8 月水环境健康状况评价中，Windx=14.58，水环境仍然为健康状态。各指标赋值均较高（表 9.7）。

表 9.7　2012 年 8 月水环境健康评估指标与赋值

站位	溶解氧	盐度年际变化	pH	活性磷酸盐	无机氮	石油类
HT01	15	15	15	10	15	15
HT02	15	15	15	15	15	15
HT03	15	15	15	10	15	15
HT04	15	15	15	10	15	15
HT05	15	15	15	15	15	15
HT06	15	15	15	15	15	15
HT07	10	15	15	15	15	15
HT08	15	15	15	15	15	15
HT09	15	15	15	15	15	15
HT10	15	15	15	15	10	15
赋值	14.5	15	15	13.5	14.5	15

2012 年 11 月，活性磷酸盐和无机氮造成水环境健康指数降低，Windx=12.33，水环境为健康状态（表 9.8）。

全年海坛岛及附近岛屿周边海域水环境健康指数为 12.75（表 9.9，图 9.2）。根据各季节及全年水环境健康评价得出的结果可知，2012 年全年水环境处于健康状态。全年中，活性磷酸盐和无机氮对水体环境健康造成影响。另外本次评价中，夏季水环境状况较其他季节更为健康。

表 9.8　2012 年 11 月水环境健康评估指标与赋值

站位	溶解氧	盐度年际变化	pH	活性磷酸盐	无机氮	石油类
HT01	15	15	15	5	5	15
HT02	15	15	15	5	5	15
HT03	15	15	15	5	5	15
HT04	15	15	15	10	5	15
HT05	15	15	15	10	5	15
HT06	15	15	15	10	5	15
HT07	15	15	15	5	5	15
HT08	15	15	15	10	5	15
HT09	15	15	15	10	10	15
HT10	15	15	15	10	10	15
赋值	15	15	15	8	6	15

表 9.9　2012 全年水环境健康评估指标与赋值

站位	溶解氧	盐度年际变化	pH	活性磷酸盐	无机氮	石油类
HT01	15	15	15	10	5	15
HT02	15	15	15	10	5	15
HT03	15	15	15	10	5	15
HT04	15	15	15	10	5	15
HT05	15	15	15	10	5	15
HT06	15	15	15	10	5	15
HT07	15	15	15	10	5	15
HT08	15	15	15	10	10	15
HT09	15	15	15	10	10	15
HT10	15	15	15	10	10	15
赋值	15	15	15	10	6.5	15

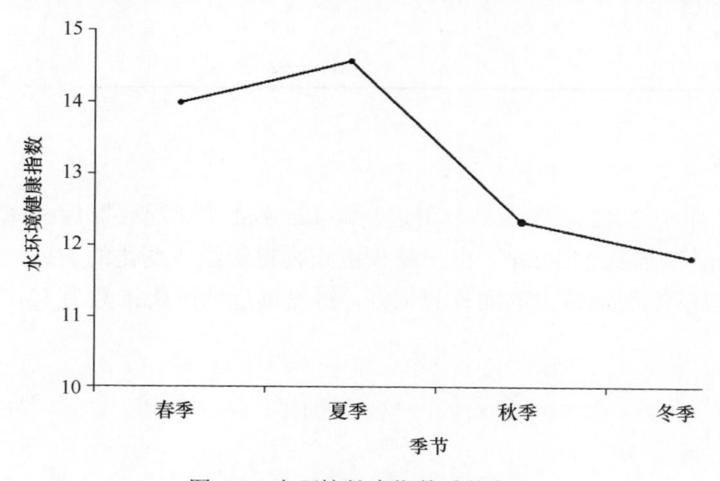

图 9.2　水环境健康指数季节变化

2. 沉积环境

2013 年 5 月沉积物有机碳含量为 0.03%~0.91%，平均含量为 0.55%。沉积物硫化物含量范围在 10.1×10^{-6}~341×10^{-6}，平均含量为 105.88×10^{-6}。

各站位监测指标与赋值情况见表 9.10。评价结果为沉积环境健康指数为 9.69，$7\leqslant S_{\mathrm{indx}}\leqslant10$，表现为健康状态。

表 9.10　2013 年 5 月沉积环境监测指标与赋值

站位	有机碳含量	硫化物含量
S1	10	10
S2	10	10
S3	10	10
S4	10	10
S5	10	10
S6	10	10
S7	10	10
S8	10	5
赋值	10	9.38

3. 生物残毒

生物残毒各站位监测指标与赋值情况见表 9.11。评价结果为生物残毒指数为 8.8，$7\leqslant \mathrm{BR}_{\mathrm{indx}}\leqslant10$，环境未受到污染。

表 9.11　2013 年 5 月生物残毒监测指标与赋值

生物样品	Hg	Cd	Pb	油类
牡蛎	10	1	5	5
石斑鱼	10	10	10	10
赤虾	10	10	5	10
沙丁鱼	10	10	10	10
木叶鲽	10	10	10	10
赋值	10	8.2	8	9

4. 栖息地

根据 2007 年与 2012 年海坛岛及附近岛屿 Landsat TM 遥感影像解译图，区域湿地面积从 42.46km^2 增加到 51.8km^2。由于缺少沉积物粒级组成变化的数据，所以在栖息地健康评估中，以滨海湿地减少的面积为依据。得出栖息地健康指数为 15，栖息地健康状况为健康。

5. 生物

1）浮游植物

本次调查共鉴定出 87 种浮游植物，隶属于 2 个门类。硅藻 77 种、甲藻 10 种。硅藻是该海区浮游植物的主体，主要优势种有夜光藻（*Noctiluca scintillans*）、中肋骨条藻（*Skeletonema costatum*）、奇异棍型藻（*Bacillaria paradoxa*）、聚生角毛藻（*Chaetoceros socialis*）。此外，中华盒型藻（*Biddulphia sinensis*）、三角角藻（*Ceratium tripos*）等较为常见。

春、夏两季浮游植物的种类较为均衡，春季为 58 种，夏季为 54 种，种数平面分布均匀，均在 15 种以上。

春季浮游植物平均总细胞密度为 4.57×10^6 个/m^3，站密度变化范围为 1.43×10^6~8.30×10^6 个/m^3。密集中心位于岛群西侧，由聚生角毛藻大量繁殖所致，总量的分布受该季优势种聚生角毛藻所支配。夏季浮游植物平均总细胞密度为 1.92×10^7 个/m^3，其数量平均分布不均匀，站密度变化范围为 1.11×10^6~5.53×10^7 个/m^3，相差近 50 倍。密集中心位于大练岛近岸海域，由中肋骨条藻大量繁殖所致，总量的分布受该季优势种中肋骨条藻所支配。

2）浮游动物

本次调查共鉴定出 102 种浮游动物。浮游动物种类组成中以挠足类和水母类占比较大。根据自身的生态属性和分布特点，浮游动物可大致分为三种生态类群。

（1）广温类群：该类群由适温范围较广的种类组成，出现率和个体数量相对较高。驼背隆哲水蚤（*Acrocalanus gibber*）、小拟哲水蚤（*Paracalanus parvus*）、太平洋纺锤水蚤（*Acartia pacifica*）等是该区浮游动物的主要种之一。

（2）暖温类群：这一类群的种数较少，代表种有中华哲水蚤（*Calanus sinicus*）和中华假磷虾（*Pseudeuphausia sinica*）。

（3）暖水类群：该类群的种类数较多但单一种类不具优势，代表种有微刺哲水蚤（*Camthocalanus pauper*）、锥形宽水蚤（*Temora turbinata*）、厦门矮隆哲水蚤（*Bestiola amoyensis*）、亚强真哲水蚤（*Eucalanus subcrassus*）等。

两个季节浮游动物湿重生物量均值为 37.57 mg/m^3。总生物量的季节变换较小，春季和夏季均值分别为 42.76 mg/m^3 和 32.38 mg/m^3。春季全区为 18.3~104.7 mg/m^3，高值位于海坛岛东南侧的坛南湾近岸海域；夏季为 0.4~131 mg/m^3，高值位于大练岛以南近岸海域。

3）底栖动物

本次调查共鉴定出 26 种大型底栖动物，其中甲壳类 5 种、多毛类 19 种、软体动物 2 种。优势种主要有中阿曼吉虫（*Armandia intemedia*）、华美盘管虫（*Hydroides elegans*）、曲强真节虫（*Euclymene lombricoides*）。

种数分布不均匀，3 号站位种类最多，达 13 种，4 号站位种类最少仅 1 种。

计算得到 5 月生物健康指数 B_{indx}=13，浮游植物密度过大，鱼卵及仔鱼密度过小导致赋值较低。各站位监测指标与赋值情况见表 9.12。

表 9.12　2012 年 5 月生物监测指标与赋值

站位	浮游植物密度	浮游动物密度	浮游动物生物量	鱼卵及仔鱼密度	底栖动物密度	底栖动物生物量
HT02	10	10	10	10	—	—
HT03	10	10	10	10	—	—
HT04	10	10	10	10	—	—
HT06	10	10	10	10	—	—
HT09	10	50	30	10	—	—
赋值	10	18	14	10	—	—

8 月生物健康指数 B_{indx}=14，浮游植物密度过大，鱼卵及仔鱼密度、底栖动物生物量过小导致赋值较低。各站位监测指标与赋值情况见表 9.13。

表 9.13　2012 年 8 月生物监测指标与赋值

站位	浮游植物密度	浮游动物密度	浮游动物生物量	鱼卵及仔鱼密度	底栖动物密度	底栖动物生物量
HT02	10	10	30	10	10	10
HT03	10	30	10	10	30	10
HT04	10	10	10	10	10	10
HT06	10	10	10	10	10	10
HT09	10	30	10	10	50	10
赋值	10	18	14	10	22	10

在年均生物监测指标赋值中，浮游植物密度、鱼卵及仔鱼密度和浮游动物生物量赋值较低，而其余指标赋值也均在 30 以下，赋值较低（表 9.14）。年均生物监测指标健康指数为 B_{indx}=15.33。

表 9.14　2012 年生物监测指标与赋值

站位	浮游植物密度	浮游动物密度	浮游动物生物量	鱼卵及仔鱼密度	底栖动物密度	底栖动物生物量
HT02	10	10	50	10	10	10
HT03	10	10	10	10	30	10
HT04	10	10	10	10	10	10
HT06	10	10	10	10	10	10
HT09	10	30	50	10	50	10
赋值	10	14	26	10	22	10

6. 生态系统健康指数

根据《近海海洋生态健康评价指南（HY/T 087—2005）》中生态系统健康指数计算方法，将水环境、沉积环境、生物残毒、栖息地和生物指数相加，得到海坛岛及附近岛屿生态系统健康指数 CEH_{indx}=61.57，生态系统处于亚健康状态（表 9.15）。影响研究区生态系统健康的主要因素是生物类指标。生物类指标不健康的主要原因是鱼卵及仔鱼密度、浮游植物密度和底栖动物生物量。

表 9.15　海坛岛及附近岛屿示范区生态环境健康评价汇总表

指标	水环境	沉积环境	生物残毒	栖息地	生物	生态系统
指数	12.75	9.69	8.8	15	15.33	61.57
评价结果	健康	健康	健康	健康	不健康	亚健康

9.3　环境质量评估

9.3.1　海坛岛及附近岛屿海域功能定位和执行的环境质量标准

1. 海洋功能区划

海坛岛及附近岛屿现行的海洋功能区划为国务院 2006 年批复的《福建省海洋功能区划（2006）》。根据该区划方案，平潭综合实验区周边近岸海域的海洋功能划分有海洋特别保护区、渔业增养殖区、浅海养殖区、滨海旅游区、港口区等功能（图 9.3）。

为了更合理地配置海洋资源，优化海洋产业布局；集约节约用海；完善海洋综合管理；有效保护、改善海洋生态环境，根据国家海洋局的部署和福建省政府办公厅《关于印发福建省海洋功能区划修编实施方案的通知》（闽政办〔2010〕143 号）要求，福建省海洋与渔业厅组织修编了《福建省海洋功能区划》（2011 年 4 月），2011 年第 70 次省政府常务会议原则通过了该区划。

根据该区划方案，区内周边近岸海域的海洋功能划分有海洋保护区、农渔业区、工业与城镇建设区、旅游娱乐区、矿产与能源区、特殊利用区、保留区等功能（图 9.4）。在利用过程中，应加强龙江流域综合整治，增殖和恢复渔业资源；加强港口航运区、渔业水域的统筹协调管理；严格控制港口航运、工业与城镇建设等开发活动造成的污染，促进渔业生产可持续健康发展；保护滨海湿地，保护中国鲎物种。严格控制工业与城镇建设的围填海规模。

2. 近岸海域环境功能区划

根据《福建省近岸海域环境功能区划（2010~2020 年）》（闽政[2011]45 号），海坛岛及附近岛屿周边海域以二类区为主，含 4 个四类区（表 9.16 和图 9.5）。

3. 生态功能区划

根据《福建省人民政府关于印发福建省生态功能区划的通知》（闽政文[2010]26 号），研究区所在的生态功能单元为 5203“福清-平潭城镇和集约化高优农业生态功能区”和 5208“福清-崇武海域渔业和生物多样性保护生态功能区”（图 9.6）。

“福清-平潭城镇和集约化高优农业生态功能区”的主要生态系统服务功能为：城镇生态环境、集约化高优农业生态环境、营养物质保持、自然与人文景观保护。保护措施与发展方向为：建设生态城镇和生态工业区，发展循环经济和清洁生产，加快城镇环保设施建设，重点治理工业废水和城镇生活废水污染；对重点工业区进行空气污染监控；加大污染废弃物的处置力度；增加城镇绿地面积。发展生态农业，控制农业面源污染和

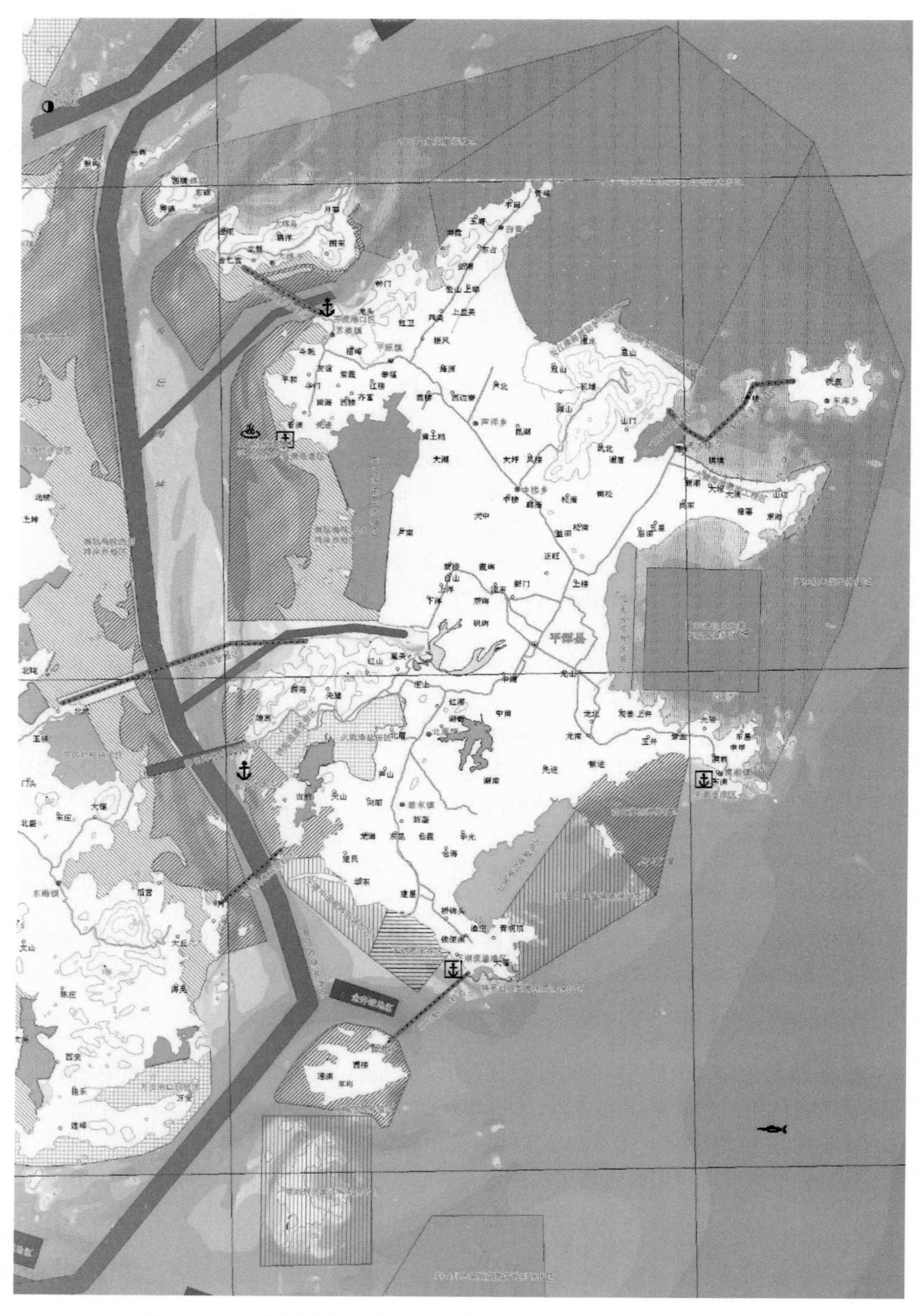

图 9.3　2006 年福建省海洋功能区划图（海坛岛及附近岛屿周边海域）

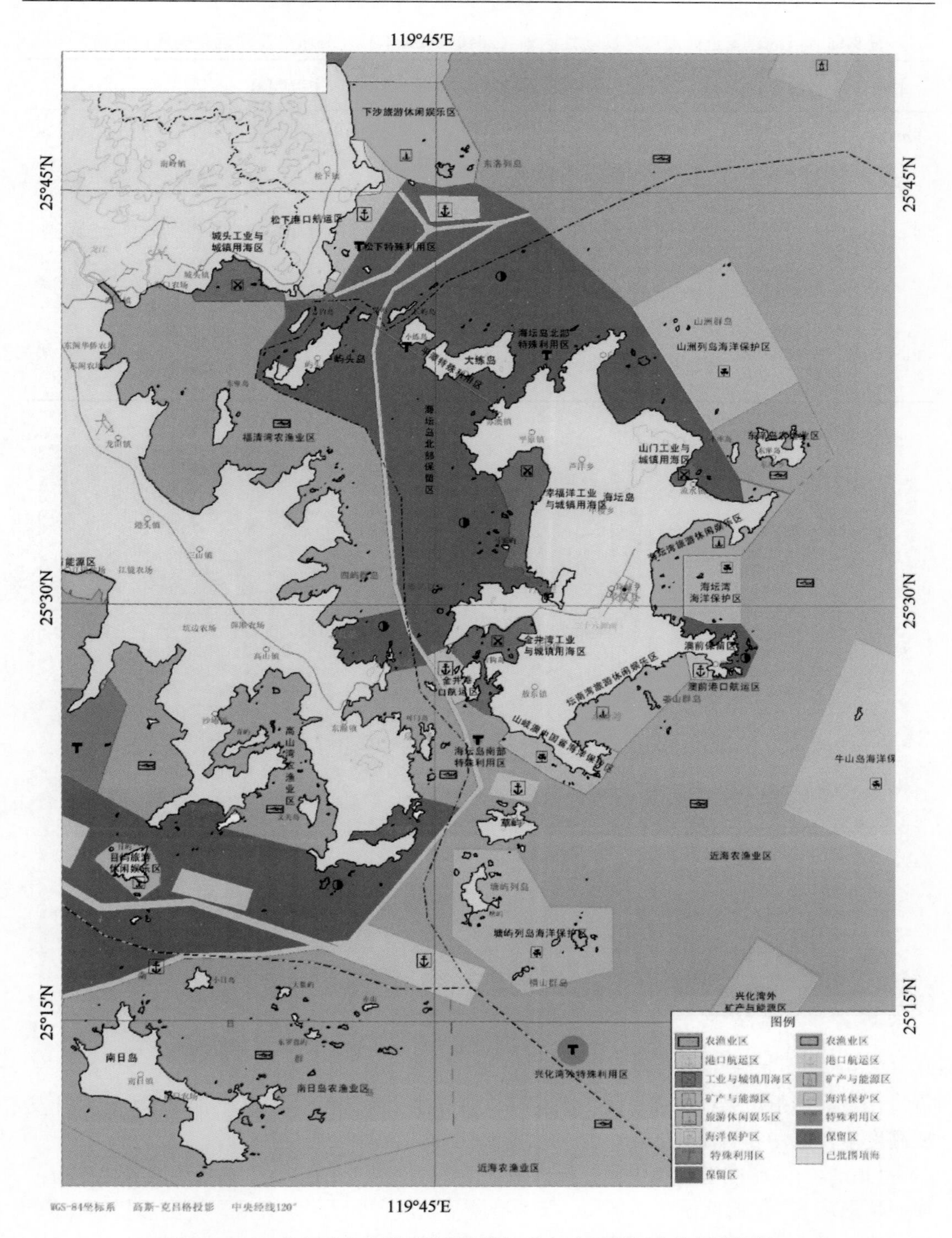

图 9.4　2011 年福建省海洋功能区划图（海坛岛及附近岛屿周边海域）

表 9.16　《福建省近岸海域环境功能区划（2010~2020 年）》（海坛岛及附近岛屿周边海域）

标识号	功能区名称	范围	中心坐标	面积/km²	主岛功能	辅助功能	近期水质目标	远期水质目标
FJ042-D-Ⅱ	平潭苏澳四类区	海坛岛苏澳镇北侧海域	25°37′41.52″N 119°42′39.6″E	5.12	港口、航运		第二类	第二类
FJ043-D-Ⅱ	平潭东庠-流水四类区	海坛岛东庠-流会附近海域	25°34′55.92″N 119°51′21.6″E	21.37	港口、航运	养殖	第二类	第二类
FJ044-D-Ⅱ	平潭金井四类区	海坛岛西南侧吉钓岛附近海域	25°26′44.52″N 119°41′6.0″E	7.21	港口、航运	一般工业用水	第二类	第二类
FJ045-D-Ⅱ	平潭澳前四类区	海坛岛东南侧澳前附近海域	25°27′46.08″N 119°49′51.6″E	4.00	港口	旅游	第二类	第二类
FJ046-B-Ⅱ	海坛海峡及海坛岛周边海域二类区	海坛海峡西部海域，北起屿头-东壁连线，南至万安沿线近岸	25°33′14.4″N 119°50′9.6″E	1383.06	养殖、生态保护	渔港、旅游	第二类	第二类

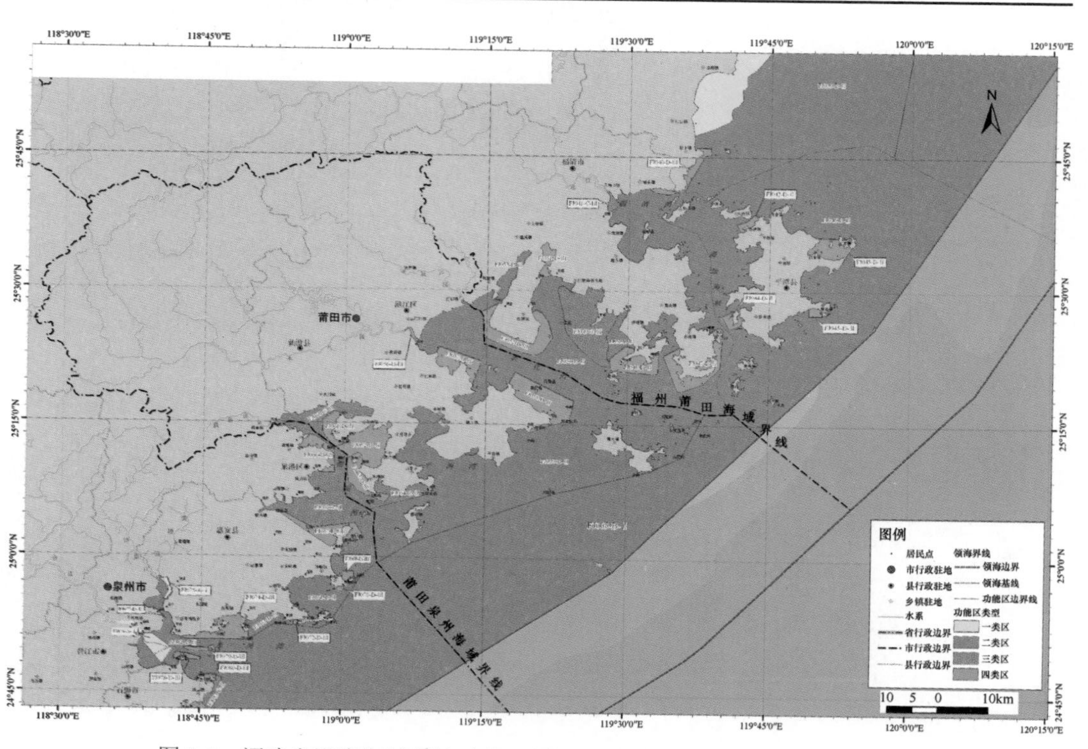

图 9.5　福建省近岸海域环境功能区划图（海坛岛及附近岛屿周边海域）

规模化畜禽养殖污染；加强丘陵坡地植被恢复和水土流失综合治理。平潭岛大规模开发要高度重视风沙和石漠化防治，加强水资源保护，合理发展生态旅游。

“福清-崇武海域渔业和生物多样性保护生态功能区”的主要生态系统服务功能为：渔业生态环境、滨海旅游生态环境。保护措施与发展方向为：加强海洋生物多样性保护，重点建设平潭中国鲎自然保护区和牛山岛生态系统自然保护区；采取控制捕捞和人工放流的方法恢复海洋生物资源；加强岸线蚀退的防护；合理布局海水养殖，合理控制海洋渔业捕捞强度，实行休渔制度。合理开发利用和保护海岛与滨海旅游资源，保护旅游区的生态环境。合理规划沿岸产业布局，控制城镇与工业污水及港口污染。

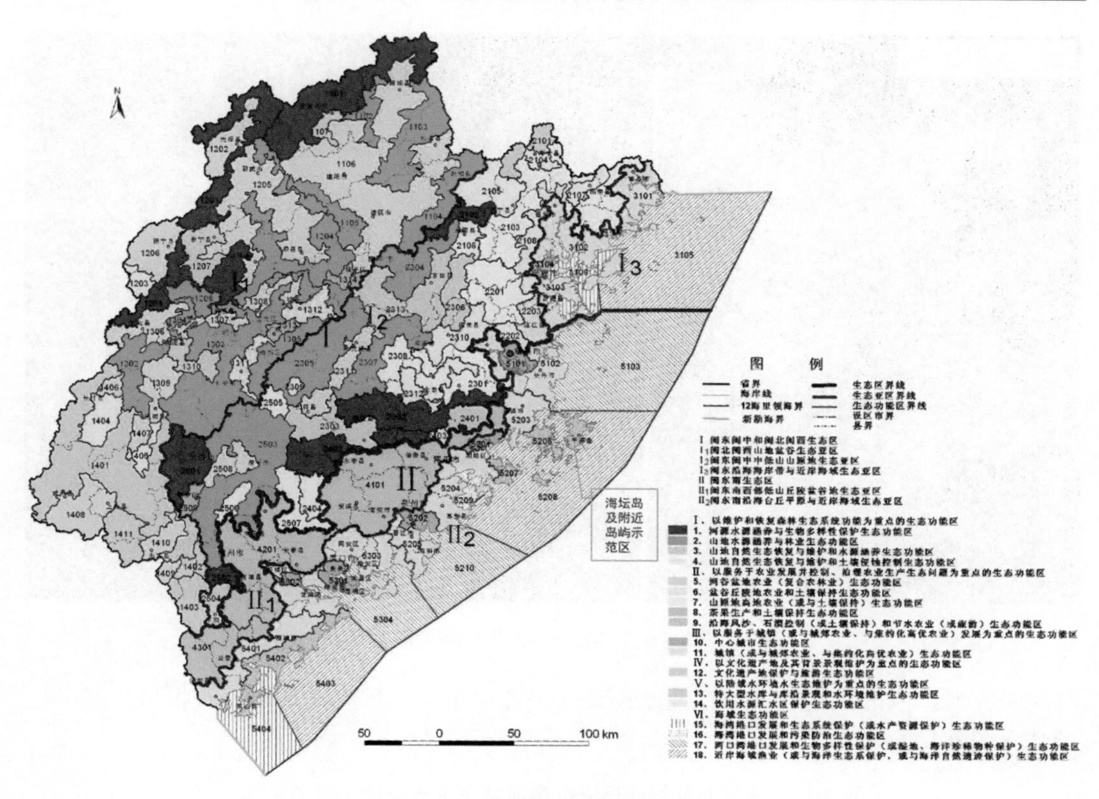

图 9.6　福建省生态功能区划

9.3.2　海坛岛及附近岛屿近岸海域水环境现状

1. 评价范围

海坛岛及附近岛屿近岸海域研究范围包括福清湾、海坛海峡和平潭周边海域，面积约 1500 km^2（图 9.7）。

2. 污染源阐述

海洋环境的受损和恶化是与人类活动密切相关的。污水和污染物无节制排放到海洋中是近海海域水质恶化的主要原因，并直接影响到潮间带环境和浅海底质环境，对生物质量、生物多样性和初级生产力等生态要素产生影响。海坛岛及附近岛屿周边海域污染源主要来自与陆源污染和海上污染两个方面。

9.3.3　海坛岛及附近岛屿近岸海域海水水质调查与评价

海坛岛及附近岛屿近岸海域海水水质评价资料采用 2012 年福建省海洋渔业厅组织开展的福建省海洋环境监测与评价工作的监测数据；2013 年国家海洋局第三海洋研究所编制的《福州至平潭铁路跨海工程项目调查报告（海洋化学）》；2013 年国家海洋局第三

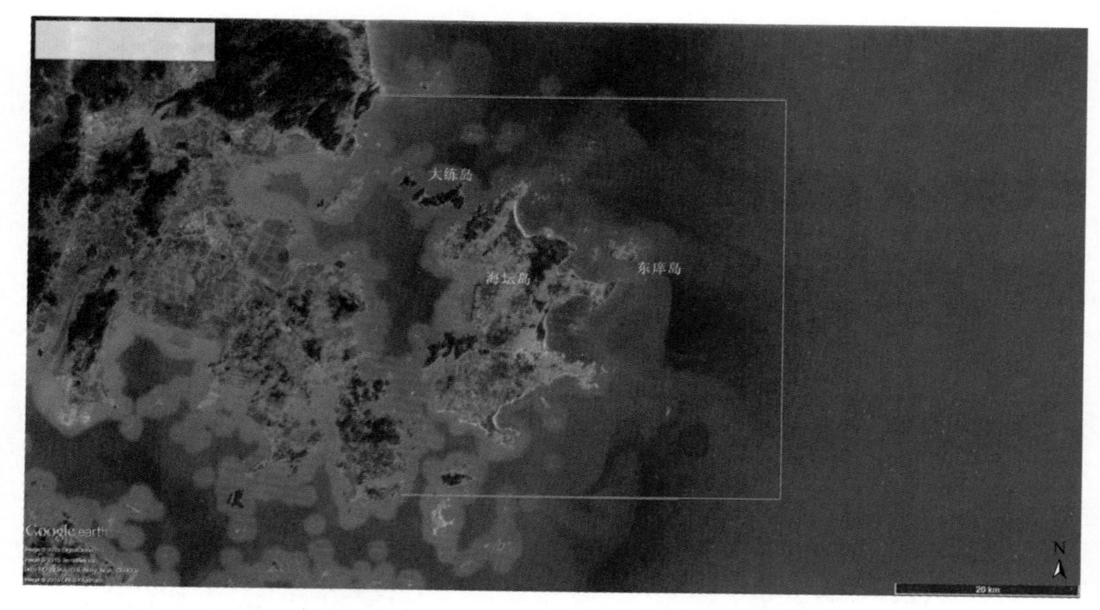

图 9.7　海坛岛及附近岛屿近岸海域研究范围

海洋研究所编制的《福建省闽江北水南调（平潭引水）工程海洋环境调查报告（海洋化学）》（表 9.17）。

表 9.17　海坛岛及附近岛屿近岸海域海水水质评价数据来源

年份	调查航次	调查站位数	数据来源
2012	3	10（水质）	福建省海洋渔业厅
2013	1	8（沉积物）	国家海洋局第三海洋研究所
2013	1	2（生物体质量）	国家海洋局第三海洋研究所

1. 监测站位

海坛岛及附近岛屿近岸海域海水水质监测站位见表 9.18 和图 9.8。

2. 评价标准

根据《福建省近岸海域环境功能区划》，海坛岛及附近岛屿近岸海域主要环境功能区为“海坛海峡及海坛岛周边海域二类区”“平潭东庠-流水四类区”“平潭金井四类区”“平潭澳前四类区”“海坛海峡及海坛岛周边海域二类区”，均执行第二类海水水质标准。

对于近岸海域水质评价和研究，采用《海水水质标准》（GB3097—1997）、《海洋沉积物质量》（GB18668—2002）和《海洋生物质量》（GB18421—2001）规定的海域各功能区的水质要求，作为海坛岛及附近岛屿近岸海域水质的评价标准。评价方法采用单因子指数评价法。

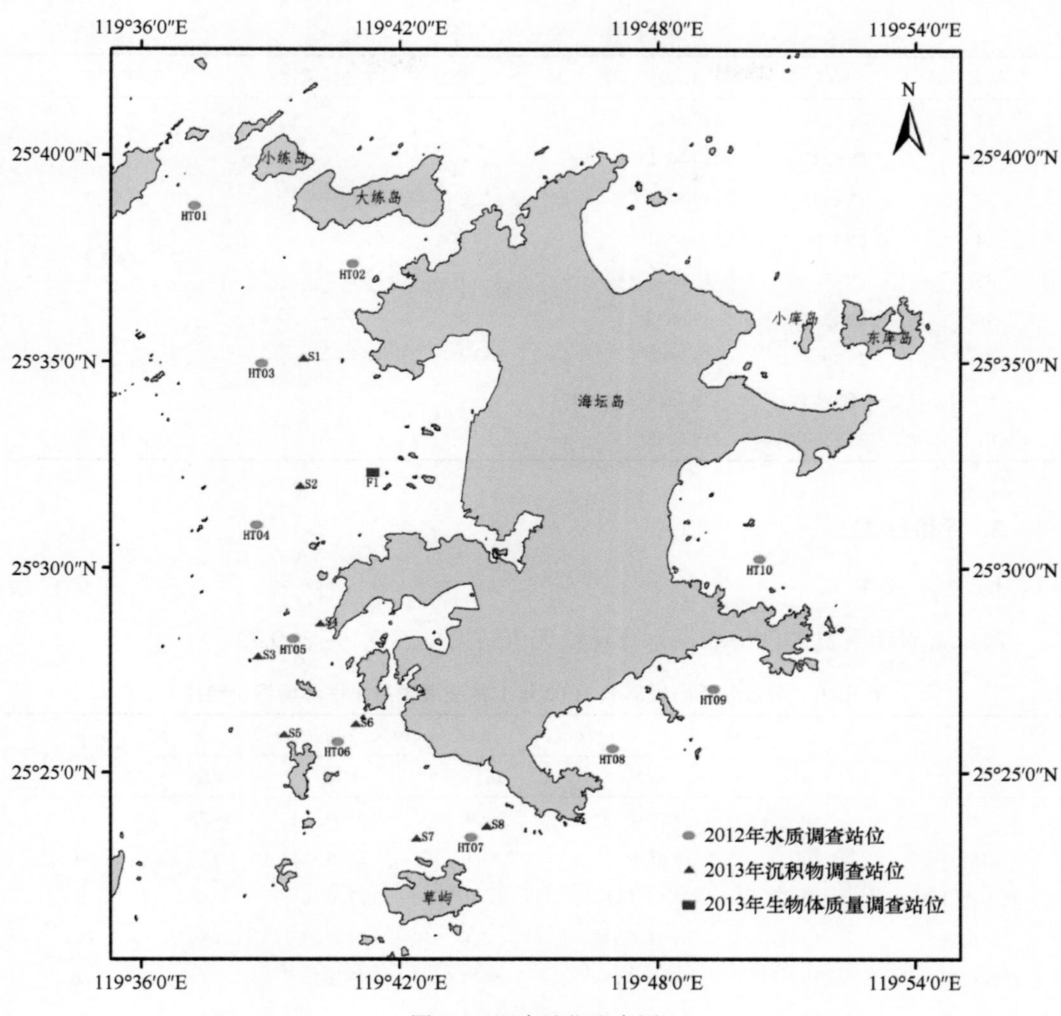

图 9.8　调查站位示意图

表 9.18　海水水质调查站位

站名	北纬	东经	水质	沉积物	生物体质量	监测时间
HT01	25.6469	119.6206	√	—	—	2012 年 1 月、5 月、8 月、11 月
HT02	25.6236	119.6819	√	—	—	
HT03	25.5833	119.6467	√	—	—	
HT04	25.5181	119.6447	√	—	—	
HT05	25.4717	119.6589	√	—	—	
HT06	25.4300	119.6761	√	—	—	
HT07	25.3914	119.7278	√	—	—	
HT08	25.4272	119.7825	√	—	—	
HT09	25.4517	119.8217	√	—	—	
HT10	25.5044	119.8394	√	—	—	

续表

站名	北纬	东经	水质	沉积物	生物体质量	监测时间
S1	25.5853	119.6627	—	√	—	2013 年 5 月
S2	25.5337	119.6615	—	√	—	
S3	25.4645	119.6453	—	√	—	
S4	25.4780	119.6693	—	√	—	
S5	25.4329	119.6552	—	√	√	
S6	25.4373	119.6832	—	√	—	
S7	25.3908	119.7066	—	√	—	
S8	25.3958	119.7338	—	√	—	
F1	25.5393	119.6898	—	—	√	2013 年 5 月

3. 评价结果

1）海水化学

海坛岛及附近岛屿浅海表层水体环境评价结果见表 9.19~表 9.22。

表 9.19　海坛岛及附近岛屿 2012 年 1 月浅海表层水体环境评价结果

项目	样品数	监测结果		P_i		超标率/%
		范围	均值	范围	均值	
pH	10	7.99~8.13	8.09	0.66~0.75	0.73	0
溶解氧	10	8.88~9.22	9.07	0.28~0.31	0.29	0
化学需氧量	10	0.65~1.08	0.79	0.22~0.36	0.26	0
无机氮	10	0.392~0.742	0.566	1.31~2.47	1.89	100
活性磷酸盐	10	0.028~0.039	0.033	0.93~1.30	1.11	80
石油类	10	0.018~0.039	0.030	0.06~0.13	0.10	0

表 9.20　海坛岛及附近岛屿 2012 年 5 月浅海表层水体环境评价结果

项目	样品数	监测结果		P_i		超标率/%
		范围	均值	范围	均值	
pH	10	8.14~8.33	8.21	0.76~0.89	0.81	0
溶解氧	10	6.64~9.15	7.72	0.01~0.55	0.29	0
化学需氧量	10	0.51~1.38	0.90	0.17~0.46	0.30	0
无机氮	10	0.184~0.365	0.273	0.61~1.22	0.91	40
活性磷酸盐	10	0.875~1.540	1.214	0.27~0.80	0.41	0
石油类	10	0.0148~0.0445	0.0285	0.05~0.15	0.09	0

表 9.21　海坛岛及附近岛屿 2012 年 8 月浅海表层水体环境评价结果

项目	样品数	监测结果		P_i		超标率/%
		范围	均值	范围	均值	
pH	10	8.05~8.15	8.09	0.70~0.77	0.73	0
溶解氧	10	5.34~6.68	6.19	0.43~0.89	0.59	0
化学需氧量	10	0.42~1.13	0.64	0.14~0.38	0.21	0
无机氮	10	0.020~0.199	0.128	0.07~0.66	0.43	0
活性磷酸盐	10	0.004~0.018	0.011	0.13~0.60	0.35	0
石油类	10	ND~0.0285	0.0151	0.00~0.10	0.04	0
铜	10	1.03×10^{-3}~3.48×10^{-3}	1.72×10^{-3}	0.10~0.35	0.17	0
铅	10	ND~2.81×10^{-3}	1.31×10^{-3}	0.00~0.56	0.24	0
锌	—	—	—	—	—	—
镉	10	ND~0.057×10^{-3}	0.031×10^{-3}	0.00~0.01	0.01	0
汞	10	0.022×10^{-3}~0.053×10^{-3}	0.031×10^{-3}	0.11~0.27	0.16	0
砷	10	0.52×10^{-3}~3.28×10^{-3}	1.09×10^{-3}	0.02~0.11	0.04	0

表 9.22　海坛岛及周边岛屿 2012 年 11 月浅海表层水体环境评价结果

项目	样品数	监测结果		P_i		超标率/%
		范围	均值	范围	均值	
pH	10	8.12~8.16	8.14	0.75~0.77	0.76	0
溶解氧	10	7.27~7.58	7.48	0.36~0.42	0.39	0
化学需氧量	10	0.45~0.67	0.54	0.15~0.22	0.18	0
无机氮	10	0.295~0.439	0.364	0.98~1.46	1.21	80
活性磷酸盐	10	0.020~0.037	0.028	0.67~1.23	0.93	40
石油类	10	0.0131~0.0442	0.0222	0.04~0.15	0.07	0

（1）水温。2012 年 1 月表层水温为 11.4~12.5℃，平均为 11.9℃。2012 年 5 月表层水温为 22.2~22.8℃，平均为 22.5℃。2012 年 8 月表层水温为 26~28.4℃，平均为 27.5℃。2012 年 11 月表层水温为 19.9~20.9℃，平均值为 20.3℃。

（2）盐度。2012 年 1 月表层盐度为 28.1~31.2，平均为 29.53。2012 年 5 月表层盐度为 25.9~32.4，平均为 29.0。2012 年 8 月表层盐度为 32.6~33.5，平均为 33.0。2012 年 11 月表层盐度为 28.2~30.1，平均为 28.9。

（3）pH。2012 年 1 月表层 pH 为 7.99~8.13，均值为 8.09。2012 年 5 月表层 pH 为 8.14~8.33，均值为 8.2。2012 年 8 月表层 pH 为 8.05~8.15，均值为 8.09。2012 年 11 月表层 pH 为 8.12~8.16，均值为 8.14，整个海域表层 pH 变化较为平稳。

（4）溶解氧。2012 年 1 月表层溶解氧（DO）变化范围为 8.88~9.22mg/L，均值为 9.07mg/L。2012 年 5 月表层 DO 变化范围为 6.64~9.15mg/L，均值为 7.72mg/L。2012 年 8 月表层 DO 变化范围为 5.34~6.68mg/L，均值为 6.19mg/L。2012 年 11 月表层 DO 变化范围为 7.27~7.58mg/L，均值为 7.48mg/L。

（5）化学需氧量。2012 年 1 月表层化学需氧量（COD）变化范围为 0.65~1.08mg/L，均值为 0.79mg/L。2012 年 5 月表层 COD 变化范围为 0.51~1.38mg/L，均值为 0.90mg/L。2012 年 8 月表层 COD 变化范围为 0.42~1.13mg/L，均值为 0.64mg/L。2012 年 11 月表层 COD 变化范围为 0.45~0.67mg/L，均值为 0.54mg/L。

（6）无机氮。2012 年 1 月表层无机氮变化范围为 0.392~0.742mg/L，均值为 0.566mg/L。2012 年 5 月表层无机氮变化范围为 0.184~0.365mg/L，均值为 0.273mg/L。2012 年 8 月表层无机氮变化范围为 0.020~0.199mg/L，均值为 0.128mg/L。2012 年 11 月表层无机氮变化范围为 0.295~0.439mg/L，均值为 0.364mg/L。

（7）活性磷酸盐。2012 年 1 月表层活性磷酸盐变化范围为 0.028~0.039mg/L，均值为 0.033mg/L。2012 年 5 月表层活性磷酸盐变化范围为 0.008~0.024mg/L，均值为 0.012mg/L。2012 年 8 月表层活性磷酸盐变化范围为 0.004mg/L~0.018mg/L，均值为 0.012mg/L。2012 年 11 月表层活性磷酸盐变化范围为 0.020~0.037mg/L，均值为 0.028mg/L。

（8）石油类。2012 年 1 月表层石油类变化范围为 0.0184~0.039mg/L，均值为 0.0301mg/L。2012 年 5 月表层石油类变化范围为 0.0148~0.0445mg/L，均值为 0.0285mg/L。2012 年 8 月表层石油类变化范围为 0.0056~0.0285mg/L，均值为 0.0151mg/L。2012 年 11 月表层石油类变化范围为 0.0131~0.0442mg/L，均值为 0.0222mg/L。

从表 9.19 可以看出，2012 年 1 月海坛岛及附近岛屿周边海域的海水中各站位 pH、溶解氧、化学需氧量、石油类都满足水质要求，并未超标。海域中无机氮污染严重，超标率达 100%，尤其在 HT03 站、HT04 站和 HT06 号站超标严重。活性磷酸盐除 HT07 号站未超标，其余站位污染指数均大于 1，超标率达 90%。

从表 9.20 可以看出，2012 年 5 月海坛岛及附近岛屿周边海域的海水中各站位 pH、溶解氧、化学需氧量、活性磷酸盐和石油类均达到海水水质二类标准。无机氮的污染指数相较 1 月稍有下降，除 HT01 站、HT03 站、HT05 号站超标之外，其他站位也均达标。

从表 9.21 可以看出，2012 年 8 月海坛岛及附近岛屿周边海域的海水中各站 pH、溶解氧、化学需氧量、活性磷酸盐和石油类均达到海水水质二类标准。

从表 9.22 可以看出，2012 年 11 月海坛岛及附近岛屿周边海域的海水中各站位 pH、溶解氧、化学需氧量和石油类均达到海水水质二类标准。无机氮除 HT09 站和 HT10 站达到海水水质二类标准，其余站位均符合海水水质三类标准。活性磷酸盐在 HT01 站、HT02 站、HT03 站、HT07 号站符合海水水质三类标准，其余符合海水水质二类标准。

从 2012 年海坛岛及附近岛屿周边海域的水质评价结果可知，各季的主要污染物为无机氮和活性磷酸盐，水质状况随季节的变化差异较大。无机氮和活性磷酸盐超标站点基本位于养殖区及周边，超标原因可能与养殖区内投放饵料的分解和海洋生物的排泄有关。

2）沉积化学

海坛岛及附近岛屿沉积物质量监测与评价结果见表 9.23。

表 9.23　海坛岛及附近岛屿 2013 年 5 月沉积物质量监测与评价结果

项目	样品数	监测结果		P_i		超标率/%
		范围	均值	范围	均值	
硫化物	8	10.1~341	105.9	0.02~0.68	0.21	0
有机碳	8	0.03~0.92	0.55	0.01~0.31	0.18	0
铜	8	2.54~26	13.88	0.03~0.26	0.14	0
铅	8	19.6~40.6	31.5	0.15~0.31	0.24	0
锌	8	20.5~157	83.9	0.06~0.45	0.24	0
镉	8	0.043~0.122	0.087	0.03~0.08	0.06	0
汞	8	0.011~0.178	0.064	0.02~0.36	0.13	0
石油类	8	2~14.1	9.2	0.00~0.01	0.01	0

（1）硫化物。2013 年 5 月沉积物中硫化物变化范围为 10.1~341.0mg/L，平均为 105.9mg/L。高值出现在北后澳和西礁屿西海域，低值出现在西海域。

（2）有机碳。2013 年 5 月沉积物中有机碳变化范围为 0.03~0.92mg/L，平均为 0.55mg/L。高值出现在西海域，低值出现在黄门岛以南海域。

（3）铜。2013 年 5 月沉积物中铜变化范围为 2.54~26mg/L，平均为 13.88mg/L。高值出现在北后澳和西礁屿西海域，低值出现在黄门岛以南海域。

（4）铅。2013 年 5 月沉积物中铅变化范围为 19.6~40.6mg/L，平均为 31.5mg/L。

（5）锌。2013 年 5 月沉积物中锌变化范围为 20.5~157mg/L，平均为 83.9mg/L。

（6）镉。2013 年 5 月沉积物中镉变化范围为 0.043~0.122mg/L，平均为 0.087mg/L。

（7）汞。2013 年 5 月沉积物中汞变化范围为 0.011~0.178mg/L，平均为 0.064mg/L。

（8）石油类。2013 年 5 月沉积物中石油类变化范围为 2~14.2mg/L，平均为 9.2mg/L。

可以看出，海域沉积物质量状况良好，春季所有沉积物样品中有机碳、硫化物、油类、铜、铅、镉和汞含量均符合国家一类沉积物质量标准，锌在 S8 号站表层符合国家沉积物质量二类标准，其他站位沉积物样品锌含量符合国家沉积物质量一类标准。

3）生物体质量

在调查海区采集生物样品，进行生物质量状况监测。春季航次采集牡蛎、石斑鱼、赤虾、沙丁鱼、木叶鲽，牡蛎和石斑鱼采样站位为 S5 号站附近海域，赤虾、沙丁鱼、木叶鲽采样站位为 F1 号站附近海域。海洋生物质量标准规定的标准值仅适用于海洋贝类（双壳类），因此对牡蛎参照《海洋生物质量标准》（GB18421—2001）进行评价。赤虾、石斑鱼、沙丁鱼、木叶鲽参照《全国海岛资源综合调查简明规程》进行评价，石油烃含量在《全国海岛资源综合调查简明规程》中未做规定，在本调查中，石油烃对除双壳类贝类之外的生物暂不做评价（表 9.24）。

（1）铜。春季调查海区牡蛎铜含量为 48.4 mg/kg，符合国家海洋生物质量第三类标准（>25 mg/kg，≤100 mg/kg）。赤虾铜含量为 6.68mg/kg，低于《全国海岛资源综合调查简明规程》中的甲壳类评价标准值（100 mg/kg）。石斑鱼、沙丁鱼、木叶鲽铜含量分别为 0.2 mg/kg、1.24 mg/kg、0.64 mg/kg，均低于《全国海岛资源综合调查简明规程》中的鱼类评价标准值（20 mg/kg）。

表 9.24　2013 年 5 月海域监测点位生物体质量监测值与评价结果

项目	牡蛎		石斑鱼		赤虾		沙丁鱼		木叶鲽	
	监测值	P_i	监测值	P_i	监测值	P_i	监测值	P_i	监测值	P_i
铜	48.4	1.94	0.2	0.01	6.68	0.07	1.24	0.06	0.64	0.03
铅	0.568	0.28	0.00961	0.01	0.162	0.08	0.0225	0.01	0.00675	0.00
锌	146	2.92	3.87	0.10	14.8	0.10	8.96	0.22	5.45	0.14
镉	3.33	1.67	0.00057	0.00	0.0271	0.01	0.00526	0.01	0.00318	0.01
汞	0.014	0.14	0.045	0.15	0.014	0.07	0.02	0.07	0.012	0.04
石油烃	18.3	0.37	8.6	—	4.7	—	10.3	—	12.6	—

（2）铅。春季航次牡蛎铅含量为 0.568 mg/kg，符合国家生物质量第一类标准（≤1.0 mg/kg）。赤虾铅含量为 0.162mg/kg，低于《全国海岛资源综合调查简明规程》中的甲壳类评价标准值（2.0mg/kg）。石斑鱼、沙丁鱼、木叶鲽铅含量分别为 0.009 61mg/kg、0.0225 mg/kg、0.006 75mg/kg，均低于《全国海岛资源综合调查简明规程》中的鱼类评价标准值（2.0mg/kg）。

（3）锌。春季季航次牡蛎锌含量为 146 mg/kg，符合国家生物质量第三类标准（>50mg/kg，≤500mg/kg）。赤虾锌含量为 14.8mg/kg，低于《全国海岛资源综合调查简明规程》中的甲壳类评价标准值（150mg/kg）。石斑鱼、沙丁鱼、木叶鲽锌含量分别为 3.87mg/kg、8.96mg/kg、5.45mg/kg，均低于《全国海岛资源综合调查简明规程》中的鱼类评价标准值（40mg/kg）。

（4）镉。春季航次牡蛎镉含量为 3.33mg/kg，符合国家生物质量第三类标准（>2.0mg/kg，≤5.0mg/kg）。赤虾镉含量为 0.0271mg/kg，低于《全国海岛资源综合调查简明规程》中的甲壳类评价标准值（2.0mg/kg）。石斑鱼、沙丁鱼、木叶鲽镉含量分别为 0.000 57mg/kg、0.005 26mg/kg、0.003 18mg/kg，均低于《全国海岛资源综合调查简明规程》中的鱼类评价标准值（0.6mg/kg）。

（5）汞。春季航次牡蛎汞含量为 0.014mg/kg，符合国家生物质量第一类标准（≤0.05mg/kg）。赤虾汞含量为 0.014mg/kg 低于《全国海岛资源综合调查简明规程》中的甲壳类评价标准值（0.2mg/kg）。石斑鱼、沙丁鱼、木叶鲽汞含量分别为 0.045mg/kg、0.02mg/kg、0.012mg/kg，均低于《全国海岛资源综合调查简明规程》中的鱼类评价标准值（0.3mg/kg）。

（6）石油烃。春季调查海区牡蛎石油烃含量为 18.3mg/kg，符合国家海洋生物质量第二类标准（>15mg/kg，≤50mg/kg），赤虾中石油烃含量为 4.7mg/kg。石斑鱼、沙丁鱼、木叶鲽汞含量分别为 8.6mg/kg、10.3mg/kg、12.6mg/kg。

4. 海坛岛及附近岛屿近岸海域水质评价结论

（1）2012 年 4 个航次调查海区所有样品的溶解氧含量均符合国家第二类水质标准。

（2）2013 年 5 月春季在研究海区采集牡蛎、石斑鱼、赤虾、沙丁鱼、木叶鲽 5 种生物进行生物质量监测，牡蛎铅和汞含量符合国家生物质量第一类标准，石油烃含量符合国家生物质量第二类标准，铜、锌、镉符合国家生物质量第三类标准；石斑鱼、赤虾、沙丁鱼 3 种鱼类全部重金属含量均低于《全国海岛资源综合调查简明规程》中的评价标准；赤虾全部重金属含量均低于《全国海岛资源综合调查简明规程》中的评价标准。

（3）2013 年 5 月春季沉积物质量状况良好，所有沉积物样品有机碳、硫化物、油类、铜、铅、镉和汞含量均符合国家第一类沉积物质量标准，锌在 S8 号站表层符合国家沉积物质量第二类标准，其他站位沉积物样品锌含量符合国家沉积物质量第一类标准。

第 10 章　海坛岛及附近岛屿综合承载力的综合评估

对海坛岛及附近岛屿承载力的评估分为综合评估和分区评估。综合评估的目的是评价所有承载要素对岛群区域经济的总的承载能力，并分析存在问题提出对策建议。分区评估的目的则是确定海坛岛及附近岛屿范围内不同区域的承载力差异，以便确定岛群区域的开发重点和时序。

10.1　海坛岛及附近岛屿综合承载力的综合评估

根据岛群综合承载力评估方法，对于海坛岛及附近岛屿综合承载力的评估，需要构建评价指标体系，确定权重，综合承载力状况评估、判定及分析，提出对策建议。

10.1.1　评估指标体系构建

海坛岛及附近岛屿综合承载力评价指标的选择主要以资源供给能力评估指标、海域环境质量评估指标、生态支持能力评估指标为基础。在指标的筛选上，一方面，通过采用频度统计法、相关性分析法、理论分析法和专家咨询法等进行，以满足科学性和系统性的要求。另一方面，需要充分考虑岛群区域的资源优势和产业发展定位。由于海坛岛及附近岛屿对台湾省区位优势突出、自然资源条件优越、发展空间广阔，其定位于建设“两岸交流合作的先行区、机制体制改革创新的示范区、两岸同胞共同生活的宜居区、海峡西岸科学发展的先导区”①。因此在指标的选择上，着重突出了服务业、海洋产业、旅游业发展对综合承载力的影响。

综上所述，结合状态空间法在承载力研究中的应用，从岛群综合承载力的内涵及理论出发，建立评价指标体系的多级结构，将指标体系分为四个层次（表 10.1），分别为：①目标层，即岛群综合承载力；②类别层，即人类社会经济、资源供给状况、生态环境支持三个方面；③要素层，即人口、社会经济、环境污染、港址海域资源、渔业资源、旅游资源、生态格局、环境品质、环境公共服务；④指标层。

① 国家发展和改革委员会，2011 年 11 月，《平潭综合实验区总体发展规划》。

表 10.1　岛群综合承载力指标体系

目标层	类别层	要素层	指标层
岛群综合承载力（A）	人类社会经济（*B*1）	人口（*C*1）	人口自然增长率（*D*1）
			人口密度（*D*2）
			城镇化水平（*D*3）
		社会经济（*C*2）	GDP 年产值（*D*4）
			GDP 年增长率（*D*5）
			岛群区域经济密度（*D*6）
	资源供给状况（*B*2）	环境污染（*C*3）	COD 排放量（*D*7）
			氨氮排放量（*D*8）
			第一类、第二类海水面积比例（*D*9）
		港址海域资源（*C*4）	人均滩涂面积（*D*10）
			口岸出口总额（*D*11）
		渔业资源（*C*5）	海洋年捕捞量（*D*12）
			海水养殖年产量（*D*13）
		可持续的资源（*C*6）	可再生能源使用率（*D*14）
			万元 GDP 能耗（*D*15）
			万元工业增加值用水量（*D*16）
		旅游资源（*C*7）	旅游人数（*D*17）
			旅游业产值（*D*18）
	生态环境支持（*B*3）	生态格局（*C*8）	生态功能红线区域面积比例（*D*19）
			海洋生态特别保护区面积占近岸海域总面积的比例（*D*20）
			岛陆保持在自然状态的岸线比例（*D*21）
		环境品质（*C*9）	森林覆盖率（*D*22）
			集中式饮用水水源地达标率（*D*23）
			空气质量达二级天数比例（*D*24）
			地表水环境功能区达标率（*D*25）
		环境公共服务（*C*10）	城镇生活污水处理率（*D*26）
			市政管网覆盖率（*D*27）

10.1.2　数 据 处 理

1. 数据的标准化

此部分选择的指标数据主要来源于《福建省海洋环境质量公报》、《平潭综合实验区环境总体规划》、《平潭县志》、《平潭统计年鉴》等，以及 2014 年 11 月在海坛岛、东庠岛、大练岛村委会的实地调研获得。

由于指标体系中各指标性质、单位和数量级存在明显的差异，无法进行直接比较。因此，在完成数据收集工作后还需要对原始数据进行标准化处理，其目的是使其转化为无量纲数值，缩小指标间数量级差。其主要原理是将所有原始变量和相应的理想状态值通过特定的运算进行比较，可以将不同性质、不同度量的指标换算为无量纲可比的指标。综合承载力评价指标体系中各指标的性质、单位各不相同，且数量级之间存在差异，故在评估之前，必须消除原始数据间的量纲影响。

对于发展类指标采用计算公式为

$$C_i = \frac{B_i}{B_i'}$$

对于限制类指标采用计算公式为

$$C_i = \frac{B_i'}{B_i}$$

式中，C_i 为指标标准化处理后的数值；B_i 为原始数值；B_i' 为理想参比值。

2. 理想值的确定

指标理想状态值的确定方法有：①根据海岛经济、环境相关发展规划，采用与发展阶段目标相应的国家标准和行业规定作为理想值。②参考国内外类似发展程度下，相应的数据作为理想值。③参考区域阶段性经济发展的数据，结果差值计算方法等推算该时段理想状态值。④通过文献查询、向专家和政府管理人员咨询等方法确定理想值（表 10.2）。

表 10.2　海坛岛及附近岛屿综合承载力评估指标指数及理想值

指标	单位	2012 年	理想值	标准化值
人口自然增长率	%	12.99	8	0.62
人口密度	人/km^2	1138	2107	1.85
城镇化水平	%	34.1	65	1.91
GDP 年产值	亿元	135.53	518.50	3.83
GDP 年增长率	%	18.1	18.2	1.01
岛群区域经济密度	万元/ km^2	3999.15	15299.95	3.83
COD 排放量	t	4367	5470	1.25
氨氮排放量	t	887.5	358	0.40
第一类、第二类海水面积比例	%	82.1	90	0.91
人均滩涂面积	hm^2/人	0.01	0.01	1.00
口岸出口总额	万美元	1000	5000	5.00
海洋年捕捞量	万 t	18.87	20	1.06
海水养殖年产量	t	19.18	20	1.04
可再生能源使用率	%	69.6	75	0.93
万元 GDP 能耗	吨标准煤/万元	0.17	0.2	1.18
万元工业增加值用水量	m^3/万元	107	65	0.61
旅游人数	万人	115	150	1.30
旅游业产值	亿元	1.84	15	8.15
生态功能红线区域面积比例	%	19.95	30	0.67
海洋生态特别保护区面积占近岸海域总面积的比例	%	1.36	3	0.45
岛陆保持在自然状态的岸线比例	%	46	35.3	1.30
森林覆盖率	%	34	40	0.85
集中式饮用水水源地达标率	%	100	100	1.00
空气质量达二级天数比例	%	96.7	100	0.97
地表水环境功能区达标率	%	91.9	100	0.92
城镇生活污水处理率	%	65	95	0.68
市政管网覆盖率	%	80	95	0.84

表 10.3　海坛岛及附近岛屿综合承载力评估指标指数及理想值

指标	指标解释	理想值确定依据
人口自然增长率	反映区域人口发展速度和制定人口计划的重要指标，也是计划生育统计中的一个重要指标，它表明人口自然增长的程度和趋势	以《平潭统计年鉴》（2013）为依据估算
人口密度	是人口的密集程度的指标	以《平潭统计年鉴》（2013）为依据估算
城镇化水平	城镇建成区内总人口占地区总人口的比例	2012 年平潭城镇化水平为 31.4%。2016~2020 年期间，平潭进入全面发展提升阶段，按照平潭作为大城市的定位要求，预计平潭城镇化水平年均增长 6%，初步预计 2020 年的城镇化水平达到 65%，争取超过或接近福建省平均水平
GDP 年产值	区域内所有常住单位在一年内生产活动的最终成果	以《平潭统计年鉴》（2013）为依据估算
GDP 年增长率	国内生产总值较之上一年的增加程度	以《平潭统计年鉴》（2013）为依据估算
岛群区域经济密度	区域国民生产总值与区域面积之比	《平潭综合实验区总体规划（2010~2030）》
COD 排放量	报告期内 COD 的最终排放量	按照区域生态建设要求，2020 年控制在省下达的计划指标内（5470t），并适当超前
氨氮排放量	报告期内氨氮的最终排放量	按照区域生态建设要求，2020 年控制在省下达的计划指标内（358t），并适当超前
第一、二类海水面积比例	近岸海域的水质达到流域和区域环境功能区划或环境规划对该水体水质的要求	据监测结果反映，2012 年平潭近岸海域功能区水质良好，除个别监测点无机氨超标外，其余各监测指标均达到要求。预期 2020 年目标值 90%以上
人均滩涂面积	人均所拥有的滩涂面积	以《平潭统计年鉴》（2013）为依据估算
口岸出口总额	实际出口国境的货物总金额	以《平潭统计年鉴》（2013）为依据估算
海洋年捕捞量	从海洋里捕捞的、天然生长的水生经济动植物的产量	以《平潭统计年鉴》（2013）为依据估算
海水养殖年产量	利用滩涂、浅海、港湾及陆上海水水体，通过人工投放苗种或天然纳苗，并经人工饲养管理所获得的水产品总量	以《平潭统计年鉴》（2013）为依据估算
可再生能源使用率	可再生能源使用效率	《平潭综合实验区总体规划（2013~2020）》
万元 GDP 能耗	每产出万元国内生产总值所消耗的能源	2012 年，平潭单位 GDP 能耗为 0.17 吨标准煤/万元，考虑到未来平潭产业结构的调整，单位 GDP 能耗可能呈现先上升后下降的趋势，结合平潭生态建设要求，争取平潭单位 GDP 能耗能够保持在较低水平。争取 2015 年单位 GDP 能耗能够控制在 0.3t 标准煤/万元以内，2020 年单位 GDP 能耗能够控制在 0.2t 标准煤/万元以内
万元工业增加值用水量	工业每生产万元增加值所消耗的水资源	2012 年平潭单位工业增加值用水量为 107m^3，考虑到平潭水资源的紧缺，应提升水资源利用效率，预期 2015 年应小于 100 m^3/万元，2020 年小于 65 m^3/万元
旅游人数	包括国内和国际游客	以《平潭统计年鉴》（2013）为依据估算
旅游业产值	交通、住宿、餐饮、游览、娱乐、商业及通信等行业为旅游者提供的服务和物质产品所实现产值	以《平潭统计年鉴》（2013）为依据估算
生态功能红线区域面积比例	区内自然保护区、风景名胜区、森林公园、基本农田、水源保护区、封山育林地、自然湿地及其他农用地等具有生态服务功能的受保护区域的面积占实验区土地总面积的百分比	2012 年，平潭受保护地区占土地面积比例为 19.95%，根据实验区发展规划，平潭 2030 年禁建区面积达 27.25km^2，占总面积 8.36%。考虑到平潭岛生态环境较为脆弱，预期 2020 年受保护地区占土地面积比例目标值为 30%

续表

指标	指标解释	理想值确定依据
海洋生态特别保护区面积占近岸海域总面积的比例	海岛、海湾、入海河口、重要渔业水域等具有典型性、代表性的海洋生态系统，珍稀、濒危海洋生物的天然集中分布区，具有重要经济价值的海洋生物生存区域及有重大科学文化价值的海洋自然历史遗迹和自然景观等面积与近岸海域总面积的比值	目前平潭海洋生态特别保护区面积占近岸海域总面积的比例为1.36%，未来规划建设塘屿列岛海洋生态特别保护区等6个保护区，预期2015年、2020年平潭海洋生态特别保护区面积占近岸海域总面积的比例分别为2%、3%
岛陆保持在自然状态的岸线比例	强调自然生态岸线保护	《平潭综合实验区环境总体规划（2013~2020）》
森林覆盖率	森林覆盖率也称森林覆被率，是指一个国家或地区森林面积占土地面积的百分比	2012年平潭森林覆盖率达到34%，考虑到平潭地区风沙大，植被稀疏，应大幅提高森林覆盖率，预期平潭2020年森林覆盖率为40%
集中式饮用水水源地达标率	水源地出水水质达到饮用水水质要求	2012年平潭地表水环境质量达标率为100%，预期2020年目标值100%
空气质量达二级天数比例	API指数介于51~100的天数占全年比例，API（Air Pollution Index）是一种我国现行普遍采用的反映和评价空气质量的评价方法	2012年福州市城区空气污染指数（API）平均值为54，全年空气质量以优、良为主，优良率为96.7%。按照实验区生态建设要求，预期2020年目标值为大于98%
地表水环境功能区达标率	区内主要河流、湖泊、水库等水体，特别是饮用水水源地的水质达到流域和区域环境功能区划或环境规划对相关水体水质的要求	2012年平潭地表水环境质量达标率为91.9%，主要地表水为三十六脚湖（为主要饮用水源地），三桥水库、六桥水库，水质情况较好，达到《地表水环境质量标准》（GB3839—2002）Ⅲ类标准。预期2020年目标值为100%
城镇生活污水处理率	区内通过污水处理厂处理的污水量与污水排放总量的比率	2012年，平潭城市污水集中处理率为65%，按照生态建设的要求，预期2015年目标值为70%（国家环境保护模范城市考核指标为60%），2020年目标值为95%
市政管网覆盖率	市政管网包括排水管网、再生水管网、燃气管网、通信管网、电力电缆、供热管网等，市政管网普及率是指以上管网的普及率	2012年平潭市政管网普及率为80%。按照实验区生态建设要求，以3%~4%的增速来测算，2020年平潭市政管网普及率为大于95%

3. 指标的赋权

所构建的岛群综合承载力评价指标体系将采用层次分析法来确定评价指标的权重。根据表10.1所建立的指标体系，同时参照相关行业专家、学者的调查意见，应用层次分析法对海坛岛及附近岛屿综合承载力评价指标体系进行赋值。

10.1.3　海坛岛及附近岛屿综合承载力分析

1. 目标层承载状况分析

根据状态空间法计算得到2012年海坛岛及附近岛屿综合承载力为0.8556，根据综合承载力状态的评判方法，总体处于临界状态。

2. 类别层和要素层承载状况分析

1）人类社会经济发展状况分析

2012年人类社会经济发展在海坛岛及附近岛屿处于可承载状态，计算值为1.6702。进一步分析人类社会经济发展中人口、社会经济、环境污染三个层次对总体的贡献程度（图10.1）。

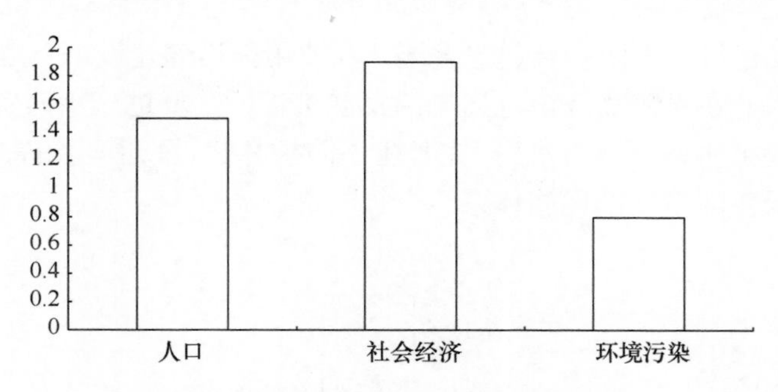

图 10.1　人类社会经济要素层评价结果

从图中可以看出，人口、社会经济处于可载状态，环境污染处于临界状态。海坛岛及附近岛屿人口和经济的发展，将不可避免地带来 COD、氨氮等污染物的大量增加，引起生态环境质量下降。良好的生态环境是海坛岛及附近岛屿建设赖以生存和发展的基础。考虑到岛群环境承载能力相对较弱，而海坛岛及附近岛屿开放开发已提升至国家战略，在推进开放开发中尤其要处理好发展和保护的关系。

2）资源供给状况承载状况分析

2012 年资源供给状况在海坛岛及附近岛屿处于可承载状态，计算值为 1.7646。进一步分析资源供给状况中港址海域资源、渔业资源、可持续资源、旅游资源四个层次对总体的贡献程度（图 10.2）。

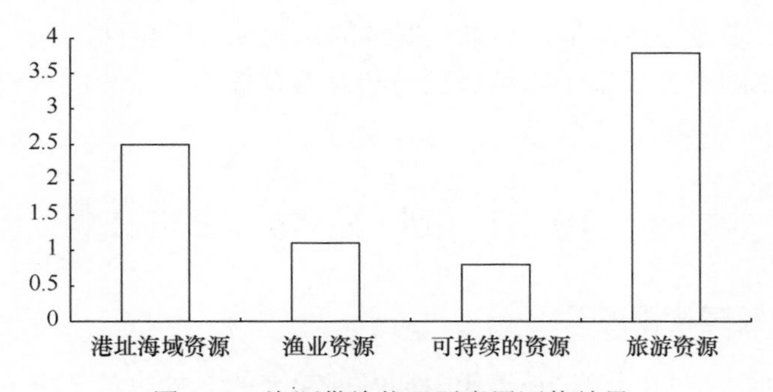

图 10.2　资源供给状况要素层评价结果

从图中可以看出，港址海域资源、渔业资源、旅游资源处于可承载状态，可持续资源处于超载状态。海坛岛及附近岛屿资源利用要充分考虑海岛特点发挥资源优势，如开发和利用风能资源，利用风电自给自足，探索海坛岛及附近岛屿绿色经济、低碳经济发展模式。

3）生态环境支持水平状况分析

2012 年生态环境支持水平在海坛岛及附近岛屿处于临界状态，计算值为 0.8283。进一步分析资源供给状况中生态格局、环境品质、环境公共服务三个层次对总体的贡献程度（图 10.3）。

从图 10.3 可以看出，生态格局、环境品质、环境公共服务均处于超载状态。随着城市建设加快，开发建设侵占防护林现象普遍，农业用地迅速建设，土地利用类型和结构发生巨大变化。因此在海坛岛及附近岛屿的发展进程中，要进一步落实生态红线体系，形成经济与环境保护协调发展的格局，完善生态防护林建设，进一步提高环境绩效水平，构建形成完善的绿色环境基础设施体系。

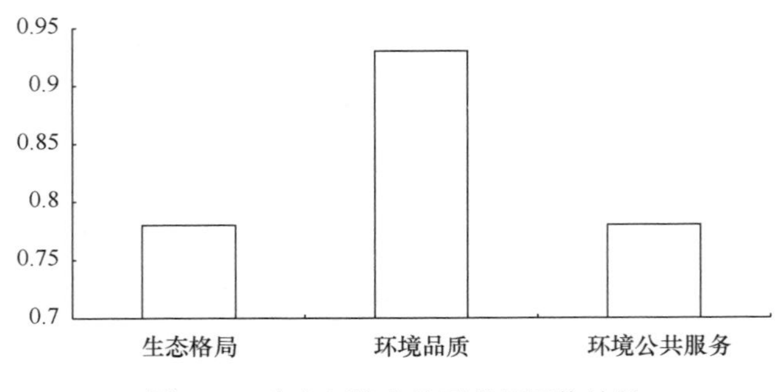

图 10.3　生态环境支持要素层评价结果

10.2　海坛岛及附近岛屿综合承载力分区评价

本章在前文研究的基础上，遴选主要影响因子，构建了海坛岛及附近岛屿综合承载力分区评价指标体系，借助遥感影像解译和 GIS 多准则综合评价手段，分析岛群综合承载力的空间连续分布状况。从区域可持续发展角度提出应重视在区域开发中尽可能科学合理地维护林地、湿地等自然半自然景观要素的系统性与联系性，从宏观尺度上引导城镇聚集并对城镇化的不良后果予以积极预防和有效调控，从而降低城镇化的生态风险，提高综合承载能力。

10.2.1　研 究 方 法

1. 多目标决策理论概述

多目标决策方法是 20 世纪 70 年代中期发展起来的一种决策分析方法。决策分析是在系统规划、设计和制造等阶段为解决当前或未来可能发生的问题，在若干可选方案中选择和决定最佳方案的一种分析过程。例如，在城市规划土地、功能分区决策过程中往往面临的系统决策问题是多目标的，这目标之间的相互作用和矛盾，使决策过程相对复杂，决策者很难轻易做出决策。这类具有多个目标的决策就是多目标决策。多目标决策方法现已广泛应用于土地利用、环境、人口、能源评价、规划与经济管理等领域。近年来，应用 GIS 作为决策支持系统受到人们的很大重视，在一些情况下，利用 GIS 进行决策的任务由相对简单的决策过程组成。

2. 基本思路

研究工作以生态环境保护——社会经济发展双导向为基本思路，基于评价单元叠加分析影响岛群综合承载力状况的约束型、引导型要素，综合评价区域承载力差异状况。

研究主要依托 ArcGIS 与 Erdas 软件平台进行空间和属性数据处理与分析，核心部分包括：评价单元因子指标值获取、因子指标值标准化、要素因子权重确定、要素因子加权综合分析与矩阵列联、逐层归并分析等步骤。技术路线见图 10.4。

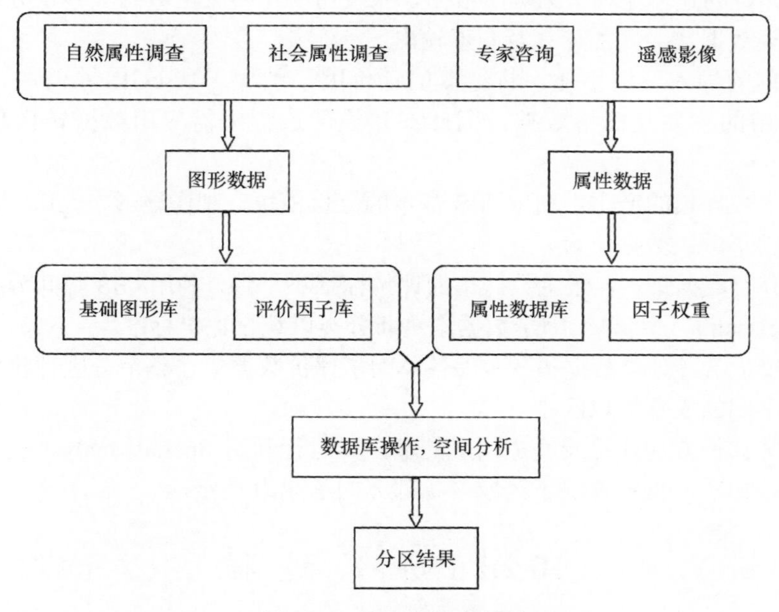

图 10.4　技术路线流程图

3. 评价指标体系构建的原则

为了建立科学、合理的海洋功能分区指标体系，应遵循以下几个原则：

（1）科学性原则。指标体系结构的拟定，指标的取舍，指标的量化等都要有科学的依据。只有坚持科学性的原则，获取的信息才具有可靠性和客观性，分类的结果才具有可信性。

（2）主导性原则。指标要有代表性，选择对承载力起主导作用的指标，剔除次要指标。

（3）系统性原则。注意指标的相关性和整体性，既要指标相对独立又要保持指标体系整体的内在联系，以保证指标体系能全面反映被评价对象的总体情况。

（4）实用性原则。实用性原则包括合理地选择指标，指标应具有可测性，要以现实统计数据作为基础，要容易获取，易于分析计算。

（5）定性与定量相结合的原则。指标体系的设计应当满足定性与定量相结合的原则，亦即在定性分析的基础上，还要进行量化处理.既可使评价具有客观性，便于数学模型处理，又可弥补单纯定量评价的不足以及数据本身存在的缺陷。

4. 指标权重赋值方法

选择德尔菲法与层次分析法相结合的方法，确定各评价因子的权重值。

5. 空间分析方法

在 ArcGIS 地理信息系统软件的支持下，将空间分析模块作为评价模型的具体执行工具。分区评价的建模流程大致为：数据导入及栅格化→派生数据集→重分类数据集→赋权给各分类数据集→叠加计算及图形输出。

（1）数据的导入及栅格化。将选取的评价因子图导入 ArcGIS 系统中。由于在运行过程中使用的主要是栅格数据，因此在建模的过程中需应用数据转换功能将数据栅格化。

（2）派生数据集的产生。利用 GIS 基本的分析模块，制作地形、人口、水深、交通通达性等单因子派生数据集合。

（3）重分类数据集。各派生数据集的评价标准不一致，利用 GIS 空间分析模块中的重分类（Reclassify），将单个因子数据集重新分类以统一评价标准。

（4）赋权重给各分类数据集。考虑各单因子评价数据集在整个分区评价中重要性不一样，采用不同的权重加以区别。

（5）分区评价叠加计算及叠加图形的输出。运行利用 Spatial analyst 模块的加权总和工具得到叠加图，直观表现了区域内各部分的承载力差异。

10.2.2　研 究 过 程

1. 数据源及处理

第三篇中数据源及资料见表 10.4。

表 10.4　基础数据及其来源

数据名称	数据内容	时间	数据格式
SPOT 6	四波段，分辨率 1.5m	2013 年 3 月	.img
行政区划图	平潭县 1∶15 万	2010 年	.jpg
数字高程模型	ASTER GDEM，分辨率 30m	http://datamirror.csdb.cn	.img
平潭综合实验区总体规划	总体布局规划图	2010~2030 年	.jpg
土地利用现状图	平潭县土地利用类型	2012 年	.jpg
遥感解译现场调查	土地利用类型现场调查数据	2013 年 7 月	图标
省级海洋功能区划图	福建省海洋功能区划图	2011~2020 年	.jpg
市级海洋功能区划图	福州市海洋功能区划修编图	2013~2020 年	.jpg
海图	海坛海峡及附近海图，1∶75000	2012 年	.jpg
统计年鉴	平潭县统计年鉴	2013 年	纸质

2. 评价指标体系

综合考虑自然环境资源和社会经济发展的生态约束与引导型等条件，结合现有研究成果和研究区具体地域特征，根据可获性、代表性、差异性和综合性原则，按照约束型和引导型两个类别筛选评价因子，建立海坛岛及附近岛屿综合承载力分区评价指标体系

（表 10.5），并将各因子表达的承载力程度分为 4 个不同等级，即低承载、较低承载、较高承载、高承载，分别赋值为 1、3、5 和 7。

表 10.5　海坛岛及附近岛屿综合承载力分区评价指标体系

指标体系						承载力分级			
要素层	代码	准则层	代码	指标层	代码	1	3	5	7
约束型（0.5）	A1	生态敏感性（0.6208）	B1	岛陆生态源地（0.531）	C1	0~1500m	1500~4000m	4000~7500m	＞7500m
				海域生态系统成本（0.469）	C2	0~2000m	2000~6000m	6000~10000m	＞10000m
		地形（0.0980）	B2	坡度（1）	C3	20~55	10~20	4~10	0~4
		人口聚集度（0.1493）	B3	人口分布（1）	C4	30 000~50 000	20 000~30 000	10 000~20 000	0~10 000
		景观异质性（0.1319）	B4	景观破碎度（1）	C5	＞30	20~30	10~20	0~10
引导型（0.5）	A2	资源条件（0.1425）	B5	水深条件（0.655）	C6	0~5m	5~20m	20~50m	＞50m
				海岛形状指数（岸线长度/海岛面积）（0.345）	C7	0~0.1	0.1~0.2	0.2~0.3	＞0.3
		规模集聚（0.4206）	B6	距行政中心距离（1）	C8	＞15 000	10 000~15 000	5000~10 000	0~5000
		区位条件（0.4369）	B7	交通通达度（1）	C9	＞15 000	10 000~15 000	5000~10 000	0~5000

1）约束型指标

主要指使区域生态环境和社会发展承压的要素，包括生态敏感性、地形地貌、人口和景观异质性。其中：

（1）生态敏感性指生态系统对各种自然环境变化和人类活动干扰的敏感程度，生态敏感性高的区域，承载能力较低。选取岛陆重要生态源地、海域生态系统成本作为指标。

（2）地形是指地势高低起伏的变化，即地表的形态。基础地形分析可用于辅助划分城市布局和建筑格局。一般认为，地形坡度在 10%以下适宜城市用地建设，承载能力较高。选取坡度作为指标。

（3）人口聚集度表征区域人口的聚集程度。选取人口分布作为指标。

（4）景观异质性是景观生态学中重要的指标之一，是指在一个区域里对一个生物种类或更高级的生物组织的存在起决定作用的资源或某种性状在空间或时间上的变异程度或强度。景观破碎度作为景观格局指数中重要的一个指标，表征景观被分割的破碎程度，反映景观空间结构的复杂性，在一定程度上反映了人类对景观的干扰程度。

2）引导型指标

引导型因素主要指对区域集聚开发有促进、刺激和引导作用的因素，主要包括资源条件、规模集聚与区位条件等。其中：

（1）资源条件。海坛岛及附近岛屿拥有丰富的岸线资源和港区资源，通过推动沿海产业有效聚集，避免岸线的不合理利用能够对承载力起到积极作用。选取水深条件和海岛形状指数作为反映该准则层的指标。

（2）规模集聚要素。规模效应指在一定范围内，随着规模的扩大可带来的高产出高效率。区域离周边城镇的规模越大，对区域的拉动作用也越大。采用离周边行政中心（区县、乡镇）的辐射距离作为该准则层的指标。

（3）区位条件要素。距离主要道路远近表征着区域的交通区位条件，反映了区域与外界的沟通能力。选择交通通达度作为该准则层的指标。

3. 指标权重及评价

1）专家咨询结果统计

邀请多位专家填写问卷，对指标的重要程度做出判断，作为海坛岛及附近岛屿综合承载力分区评价指标体系各因子权重的依据。判断矩阵中的最终数据为各个专家所打分值的平均值。

2）准则层指标权重

构造约束型要素层中准则层的相对重要性判断矩阵（表 10.6），并进行一致性检验。

表 10.6 约束型各因子相对重要性的判断矩阵

A1	B1	B2	B3	B4	ω	一致性检验
B1	1	6.330	3.690	5.319	0.6208	CR=0.0061＜0.1 对比矩阵通过一致性检验
B2	0.158	1	0.587	0.834	0.0980	
B3	0.271	1.704	1	0.872	0.1493	
B4	0.188	1.120	1.147	1	0.1319	

同理构造引导型要素层中准则层的相对重要性判断矩阵（表 10.7），并进行一致性检验。

表 10.7 引导型各因子相对重要性的判断矩阵

A2	B4	B5	B6	ω	一致性检验
B4	1	0.352	0.314	0.1425	CR=0.0013＜0.1 对比矩阵通过一致性检验
B5	2.841	1	1	0.4206	
B6	3.185	1	1	0.4369	

利用同样方法对三级指标进行权重计算，得到最终结果见表 10.5。

4. 综合评价

评价体系中各类指标量纲不统一，因此在评价中必须对各因子进行标准化处理。评价时先进行单目标分析，按照对承载力的影响程度，分为 4 个不同的等级，即低承载、较低承载、较高承载、高承载，分别赋值为 1、3、5、7；基于 ArcGIS 软件将各评价因子制成栅格专题图，应用多目标决策综合评价指数模型，对专题图进行空间叠加分析；利用 ArcMAP 将各因子表达的承载力程度分为 4 个不同的等级。最终得到岛群综合承载力的空间连续分布情况（图 10.6）。

$$P = \sum_{i=1}^{n} A_i W_i \tag{10.1}$$

式中，P 为评价单元的综合评价指数；A_i 为第 i 个指标量化后的值；W_i 为第 i 个指标的权重；n 为评价因子数。

5. 指标信息提取

1）生态敏感性数据库

海坛岛及附近岛屿周边海洋功能区以保护海洋生物多样性、保护水产资源种类为主。如东部的东庠岛农渔业区和牛山岛海洋保护区，西部的福清湾农渔业区，南部的塘屿列岛海洋保护区和山岐澳中国鲎海洋保护区。岛陆部分选定湿地、林地等重要生态系统。

根据自然保护区功能区划图和土地利用现状图，对图层进行矢量化处理并转换获得生态敏感性栅格数据集。

2）地形模型专题信息

地形条件是影响承载力的一个重要地学因子。采用 Aster 数据生成海坛岛及附近岛屿周边高程模型，并由此数据，由 Spatial analyst 模块派生成 Hillshade 栅格数据集。

3）人口数据库

根据平潭县统计年鉴（2013 年），对人口数据进行空间化表达。

4）景观异质性数据库

景观破碎度作为景观格局指数中重要的一个指标，表征景观被分割的破碎程度。将栅格化后的土地利用数据导入 Fragstats，通过移动窗口法生成景观破碎度指数的连续分布图。

5）资源条件数据库

利用海图等深点数据，由 3D Analyst 模块生成海域等深面栅格数据集。利用 Perimeter/Area 字段生成海岛形状指数图层。

6）规模集聚数据库

海坛岛及附近岛屿乡镇级的行政中心主要为苏澳镇、平原镇、流水镇、北厝镇、澳前镇、敖东镇、大练乡、白青乡、芦洋乡、东庠乡、中楼乡、南海乡。

7）区位条件数据库

根据平潭县地图与平潭综合实验区总体规划图集，对海坛岛及附近岛屿主要交通干线图层进行矢量化处理。利用 Spatial analyst 模块的欧氏距离模型生成道路缓冲区栅格数据集。

6. 分区讨论

1）约束型指标分析与分区

应用 GIS 空间分析技术，对指标要素进行切分链接处理，得到评价区域的指标空间分布图。结合约束型指标的权重综合分析，通过 GIS 聚类得到约束分区。

高约束区占研究区总面积的 10.26%，主要分布在重要的生态服务功能区和生态敏感区周边，如东庠岛、塘屿、草屿近岸海域；较高约束区占研究区总面积的 73.76%；较低约束区占研究区总面积的 15.63%，主要分布在海坛岛中部和北部、大练岛、草屿；低约束区仅研究区总面积的 0.35%，集中在平潭县芦洋乡附近（图 10.5）。

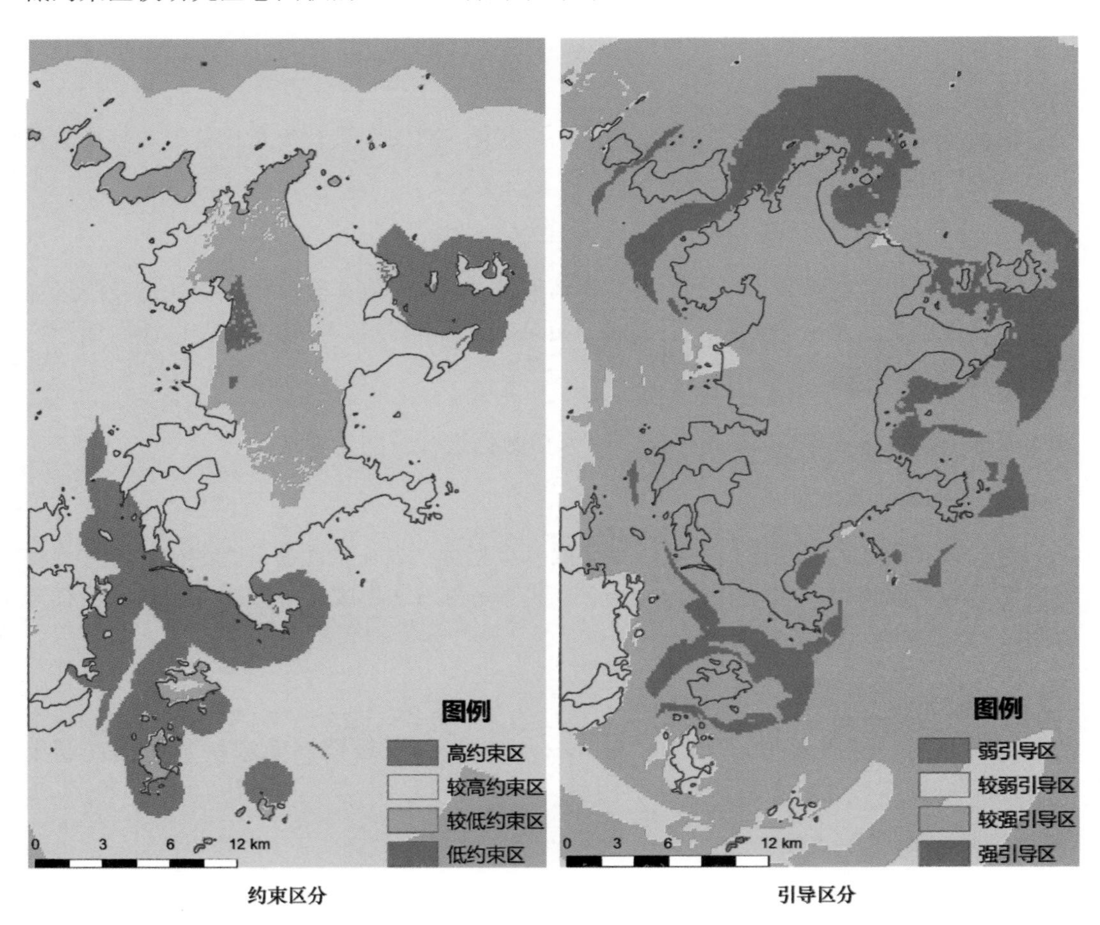

图 10.5　约束分区与引导分区空间分布

2）引导型指标分析与分区

同上，得到引导型指标分布和引导分区。强引导区占研究区总面积的 10.94%，主要分布在东庠岛、大练岛周边海域；较强引导区占研究区总面积的 77.61%；较弱引导区占研究区总面积的 11.41%，主要分布在南部海岛及周边海域；弱引导区占研究区总面积的 0.04%，分布在南部偏远岛屿。

3）岛群综合承载力分区

根据约束和引导型指标综合评价分析，判断区域承载力状况，将研究区划分为较高承载区域、较低承载区域、低承载区域。

结果表明：在整个研究区范围内，较高承载区域占 38.66%，其中海坛岛中部和近岸海域占大部分面积；较低承载区域占 53.81%，分布在海坛岛南部及周边海域；低承载区域占 7.53%，分布在南部岛群、东庠岛近岸海域（图 10.6）。

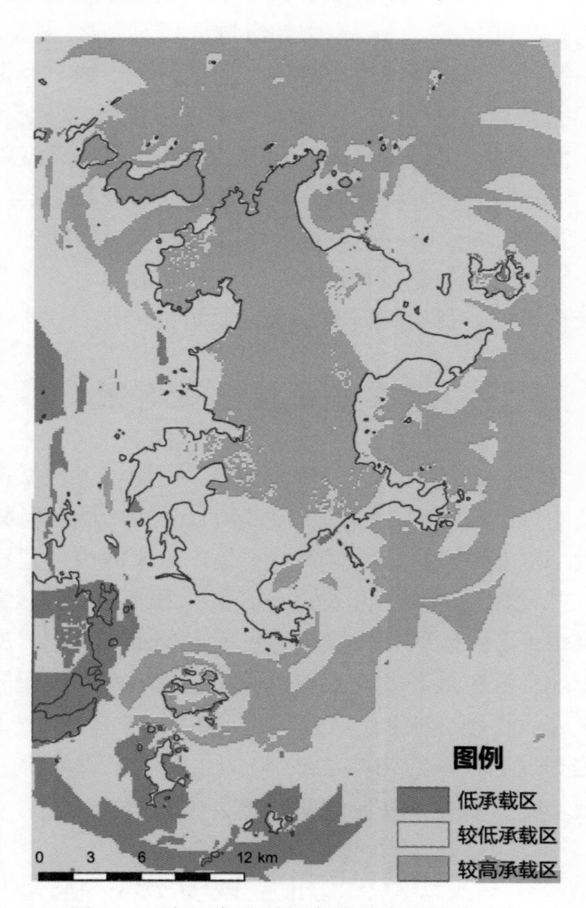

图 10.6　海坛岛及附近岛屿综合承载力分布

10.2.3　结　　论

借助 GIS 空间分析技术，基于多目标决策理论，采用约束型和引导型因素综合分析法，从承载力的内涵出发，兼顾生态环境保护与社会经济发展的双重目的，结果更为科学、客观、更具应用性。

南部较远海岛由于可利用空间资源较少，在未来的发展中，可适度发展滨海旅游业，大力发展可再生资源，加强环境整治，因地制宜发展低耗能、耗水的特色经济产业，减小经济活动对资源环境的压力；借助较高承载区资源环境承载能力较强，具有较大发展潜力，较好的经济条件，平潭县主要城区在今后的发展过程中可将海洋事业作为地区经济发展的重要角色，实行优先重点开发，加强对重要生态源地的保护，合理推进工业化和城镇化进程。

10.3　提升海坛岛及附近岛屿综合承载力的对策建议

岛群综合承载力是岛陆资源、岛陆生态和海域环境对岛群经济发展和人口的支撑能力。岛群综合承载力的评估首先要确定岛群的产业定位，依据产业定位研究相应影响岛群综合承载力的主要因素对岛群经济发展和人口的支撑作用。海坛岛及附近岛屿的产业定位为滨海旅游业、修造船、可再生能源产业等。因此，海坛岛及附近岛屿综合承载力则体现在岛陆资源、岛陆生态和海域环境三类因素综合起来对岛群经济发展和人口的支撑作用。为此，在评估海坛岛及附近岛屿综合承载力则首先需要建立包含多种因素的综合的评估指标体系，采用定性和定量相结合的方法确定权重，开展相应的评估，依据评估结果从所设立的指标出发，探索提升海坛岛及附近岛屿综合承载力的提升对策建议。

10.3.1　可建设用地存量足但总量有限，须集约用地

由于前期海坛岛及附近岛屿前期开发程度较低，短期内可供城市建设用地存量比较充足，可供集中开发的城市建设用规模约 130~140 km^2，加上已建成用地 40.68 km^2，可供建设用地总面积约 200 km^2，但总量有限且不足，未来缺少可建设用地供给。为此，海坛岛及附近岛屿的开发建设应珍惜开发建设好每一寸土地资源，学习香港特区土地精细化管理要求，参照相关产业园区单位投资密度或产能准入要求，加强土地集约节约水平规划管理，避免土地资源粗放开发与浪费，优化土地资源空间配置和布局，严格把关土地项目。香港特区建设用地 276 km^2，开发建设率约 25%，承载了 700 多万人口；海坛岛及附近岛屿过去开发建设率约 10%承载 40 万人口，按香港特区 25%的开发建设率计算，理论上可承载 248 万人口（实际规划 100 万人口）。

10.3.2　限制工业建设占用岸线资源，优先保障旅游开发岸线需求

海坛岛及附近岛屿深水岸线资源较好，拥有较好的港址资源。从《平潭综合实验区总体规划（2010~2030）》的规划定位看，海坛岛及附近岛屿重点发展台商总部经济和旅游度假休闲为主的第三产业，应限制工业建设占用岸线资源，工业岸线建设需满足海坛岛及附近岛屿对外产业供给航运能力即可，避免发展临港工业，集中集约建设产业码头，改善靠泊条件，提高码头装卸能力，避免在海洋保护区周边布置工业运输码头。积极推进海坛岛及附近岛屿旅游项目建设，优先保障旅游开发建设占用岸线，

服务总部经济人才宜居环境建设，以海洋旅游产业带动和促进土地总量有限的海坛岛及附近岛屿经济发展。

10.3.3　限制控制北部海洋开发活动，预留夏季海洋生物生长区

海坛岛及附近岛屿近海生态支持能力评估结果为生态系统处于亚健康状态，主要表现在海洋生物处于不健康状态，鱼卵及仔鱼密度低、浮游植物密度和低栖动物生物量等较低。春、夏两季海洋环境监测结果显示：春季海洋生物密度相对较均衡，其中海坛海峡和东南部海域密度相对较高，受夏季海洋航运业务较多和海洋旅游活跃等开发活动影响，海洋生物只在北部海域呈现相对较高生物密集区域（图 10.7）。为此，提高海坛岛及附近岛屿近海生态支持能力，应限制北部海洋开发活动，避免大规模开发扰动海洋生物栖息环境，预留夏季海洋生物集中繁殖生长区域或庇护所。

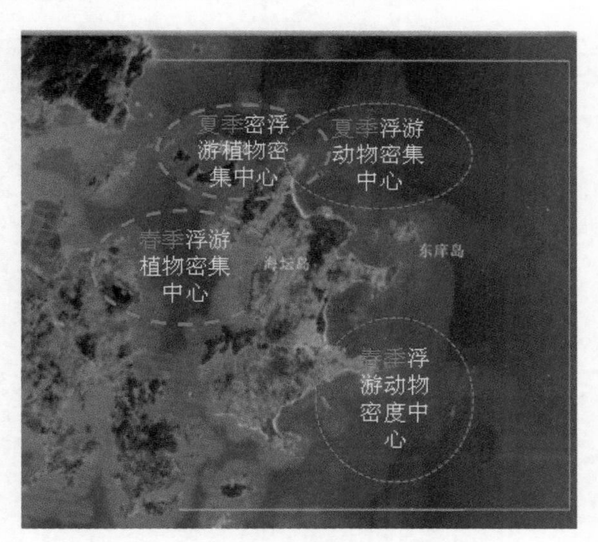

图 10.7　海坛岛及附近岛屿海域海洋生物密度分布

10.3.4　统筹岛群区域开发格局，主岛城市建设小岛保护开发

按照“区域集中、产业集聚、开发集约”的要求，着力统筹构建“海坛主岛、附属多岛”的岛群开发格局。“海坛主岛”重点保障海坛岛及附近岛屿城市建设空间发展需求，支撑平潭综合试验区跨越式发展，“附属多岛”以旅游娱乐、科教文化、生态渔业、自然保护等辅助功能保护性开发为主。以“海坛主岛”滨海风景名胜区为支撑，适度开发“附属多岛”的旅游资源，开发海上观光、海上运动、游艇休闲、渔业休闲、文化休闲、生态体验等旅游项目，建设旅游设施，形成邮轮、游艇环岛串岛链，支持“附属多岛”的生态岛礁建设，禁止破坏性开发和重工业化开发，营造海坛岛及附近岛屿的“海上青山”“生态乐园”“旅游胜地”。

第四篇　岛群综合承载力评估软件开发与应用

第 11 章　岛群综合承载力评估软件开发与应用——以海坛岛及附近岛屿为例

建立岛群综合承载力评估模型，开展岛群数据处理分析和综合评价，是海岛规划和管理科学决策的重要手段。基于海岛管理的需求，借助于成熟、先进的空间信息技术，设计和开发岛群综合承载力评估软件，对海岛管理数据进行空间分析、评估预测和专题制图，为海岛规划管理工作提供高效、便捷的辅助决策支撑，将对制定科学合理的决策提具有重要意义。岛群综合承载力评估软件开发是以岛群综合承载力的理论研究和方法为依托，基于软件分析方法，对岛群综合承载力评估相关的数据、评价方法、指标管理、可视化、统计分析进行集成开发。

11.1　系统总体设计

11.1.1　系统建设方案

系统整体结构上采用 C/S（客户端/服务器）框架结构，客户端实现系统设计的各项功能，服务器端实现数据管理、数据导入、数据评估、数据评价、系统管理等服务功能。

系统选择 Visual Studio.Net 2010 作为开发平台，选择 C#作为开发语言，选择 ArcGIS Engine10.0 地理信息二次开发工具，空间数据采用 GeoDataBase 数据存储模式。

11.1.2　逻辑框架设计

结合对系统的整体分析，在系统设计中，采用多层体系结构。从层次结构上分为技术层、数据层、应用层和用户层，系统总体架构图如图 11.1 所示。

1. 技术层

技术层是系统建设的理论基石，包括课题理论研究的岛群评价理论、数据存储技术、数据访问技术和空间分析技术，通过与信息化技术结合，为整个软件开发提供技术支撑。

2. 数据层

数据层分为基础数据和系统分析中间结果数据两类，是系统的信息集散和分析中心。本系统数据一部分是基础数据，另一部分是业务数据，包括海水水质数据、沉积物数据、生物数据和资源供给数据。

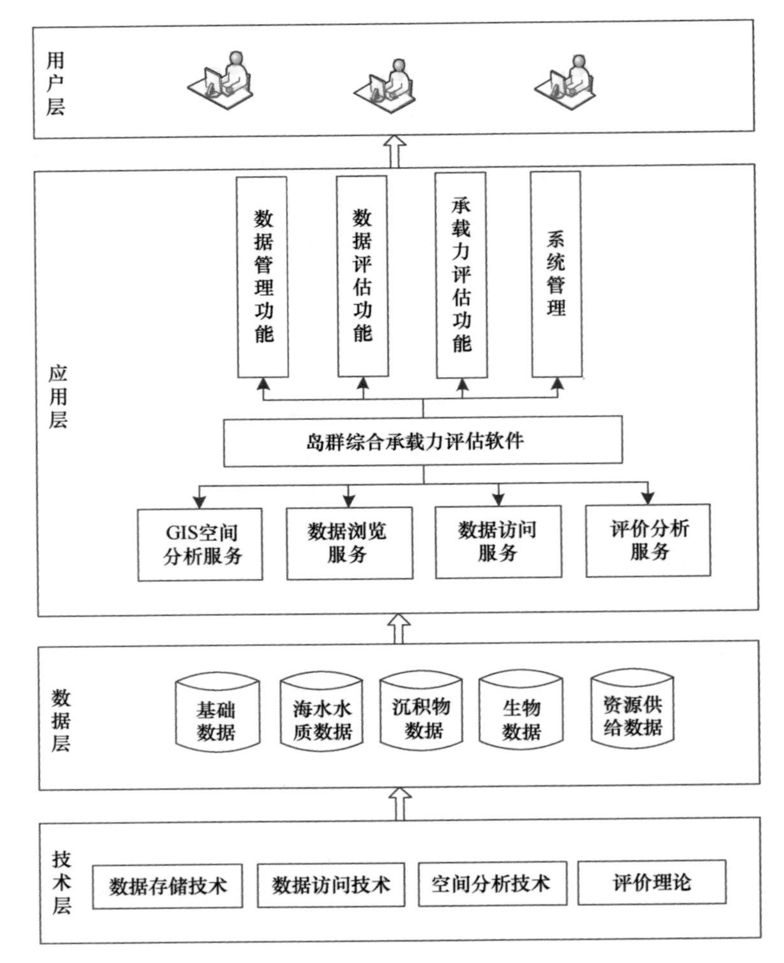

图 11.1　岛群综合承载力评估软件逻辑框架图

3. 应用层

应用层是系统的核心部分，应用技术层的技术方法，利用数据层提供的各种数据服务信息，为岛群综合承载力评估提供数据查询、导入、管理，为评估评价提供支持。应用层将需求功能模块化，包括数据管理功能模块、数据评价功能模块、承载力评估模块和系统管理模块。

4. 用户层

用户层是软件的使用者和操作者，是最终系统功能的体验和展示。

11.1.3　功 能 设 计

系统功能主要分为四个模块，分别是数据管理模块、数据评估模块、承载力评估模块和系统管理模块。

1. 数据管理模块

数据管理模块主要利用 GIS 数据存储技术和数据访问技术实现海水水质数据、海洋沉积物数据、生物数据、生物体数据的数据导入以及数据矢量数据的生成存储功能，实现调查站点数据的图形化和矢量化。同时，数据管理模块实现了数据分门别类的查询加载功能。

2. 数据评估模块

数据评估模块实现了评价模型的创建、保存及加载功能；以及海水水质、沉积物、生物、生物体以及生态健康的评价功能。实现评价结果的直观展示以及数据统计及结果的导出。

3. 承载力评估模块

依据岛陆生态源地、生态系统、地形、行政区划、道路、土地利用类型、人口、海岛形状等矢量数据，应用欧氏距离空间分析方法生成不同的栅格图层，应用提出的海坛岛及附近岛屿综合承载力分区评价模型，对前一步生成的栅格图层重分类、然后加权计算，实现综合承载力分区。

4. 系统管理模块

系统管理主要实现系统界面布局的样式设置以及系统操作空间的设置。

11.2　系统模块功能实现

11.2.1　系统主界面

1. 系统界面

系统界面包括功能菜单、图层窗口、地图窗口、工具栏、状态栏 5 部分。系统提供影像和行政区划两种视图（图 11.2）。

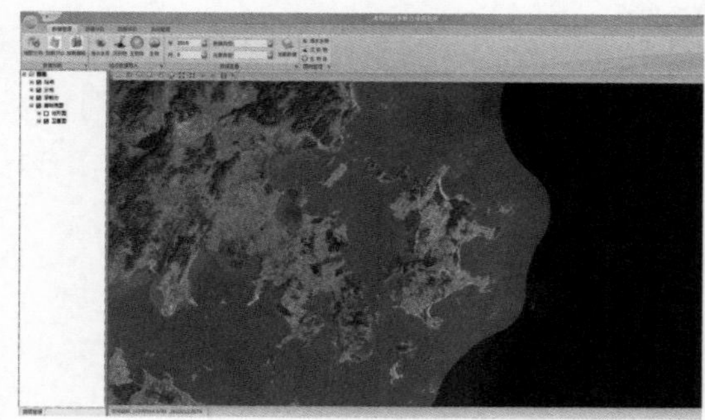
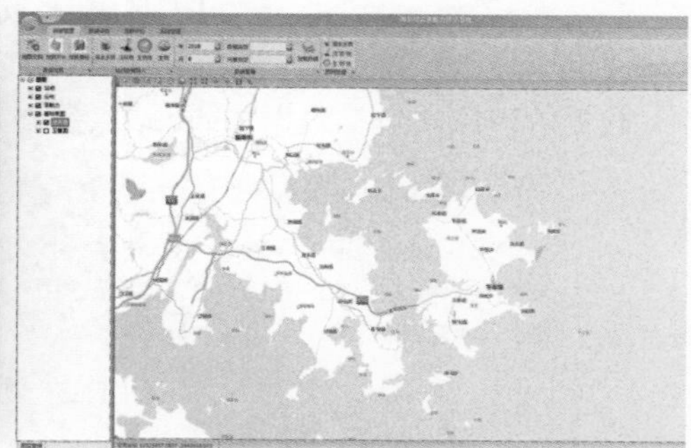

图 11.2　系统主界面视图

（1）功能菜单：显示该系统的主要功能菜单，包括数据管理、数据评估、岛群评价、系统设置 4 个模块，每个模块又分为多个子模块。

（2）图层窗口：以目录树的形式显示当前加载的图层信息，可通过勾选、拖拽等方式来控制图层。

（3）地图窗口：显示地图主要内容。

（4）工具栏：包括放大、缩小、平移、全图、前一视图、后一视图、属性查询、面积量测、距离量测等工具。

（5）状态栏：显示当前状态，包括地图坐标等。

2. 系统设置

1）工作空间设置

设置数据保存和加载的默认路径（图 11.3）。

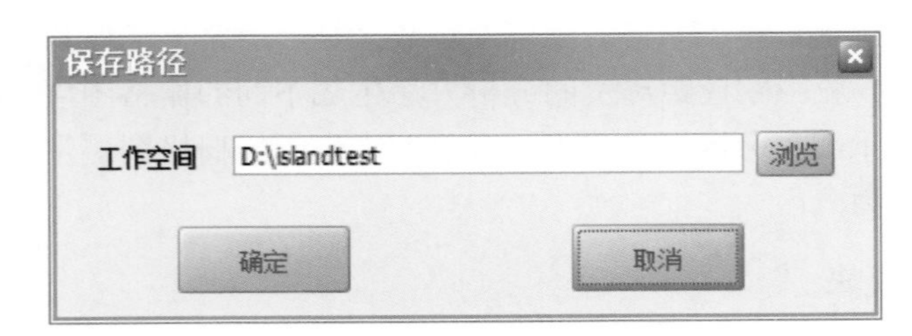

图 11.3　设置工作空间界面

2）地图工具

地图工具栏内的按钮依次为：置空工具、刷新、放大、缩小、平移、全图显示、按比例缩小、按比例放大、前一视图、后一视图、属性查询、量测工具（图 11.4）。

图 11.4　地图基本工具栏

11.2.2　数 据 管 理

数据管理模块包括数据加载、站点数据导入、数据查看、图例管理四个子模块（图 11.5）。

图 11.5　数据管理子菜单

1. 数据加载

加载地图文档：加载地图 mxd 文档。

加载矢量数据：添加矢量 shp 文件到当前地图窗口。

添加栅格：添加.img，.tif 等栅格数据到当前地图窗口。

2. 站点数据导入

（1）海水水质。该模块实现水质调查站位数据导入功能、水质评价功能及海水水质质量分布图生成功能。图 11.6 显示了海水水质调查点位数据的数据处理、导入及评价和水质分布图的生成，生成文件存储在系统工作空间内。

（2）沉积物。该模块实现沉积物调查站位数据导入功能、沉积物评价功能及沉积物质量分布图生成功能。

（3）生物体。该模块实现生物体调查站位数据导入功能、生物体评价功能及生物体质量分布图生成功能。

（4）生物。该模块实现生物调查站位数据导入功能。

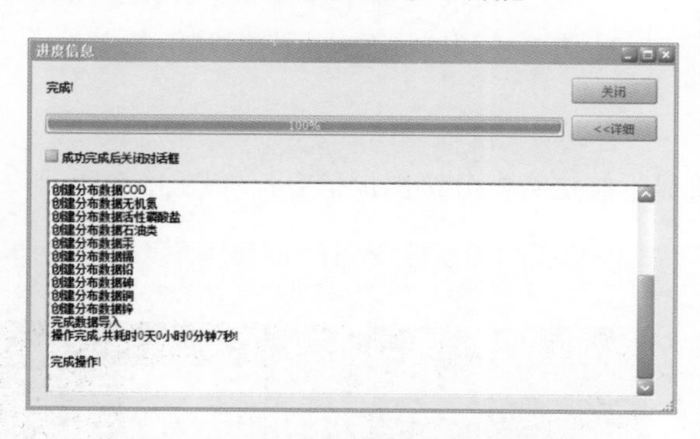

图 11.6　数据加载处理进度提示框

3. 数据查看

站点数据导入成功后，可操作数据查看模块实现按时间（年、月）、数据类型、元素类型加载数据。数据类型包括海水水质、沉积物、生物体、生物四类；元素类型包括站点监测数据、各监测元素的空间分布图；加载的数据会按照相应的数据标准进行符号化渲染。加载数据效果如图 11.7 所示。

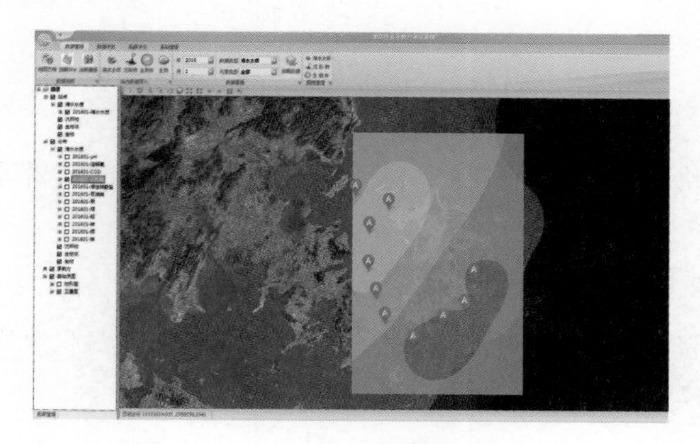

图 11.7　海水水质质量分布图

鼠标移动站点数据上可以显示该点的监测要素详细信息，如图 11.8 所示。

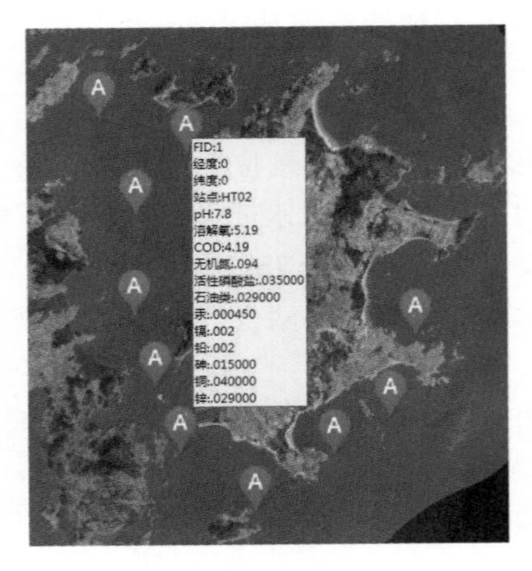

图 11.8　海水水质站点监测数据详情

4. 图例查看

点击图例系统将显示制定数据分级图例信息，如图 11.9 所示。

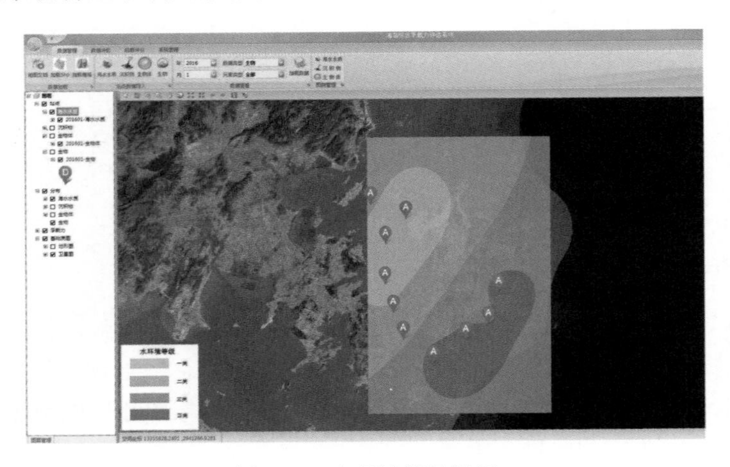

图 11.9　水环境等级图例

11.2.3　数 据 评 估

数据评估模块包括层次模型计算、监测数据评估和评价标准查看等功能，数据评估菜单如图 11.10 所示。

1. 层次模型

能实现岛群资源供给能力评价模型的构建、权重计算和资源供给能力的计算。系统采用向导的形式逐步实现层次模型的计算，如图 11.11 所示。

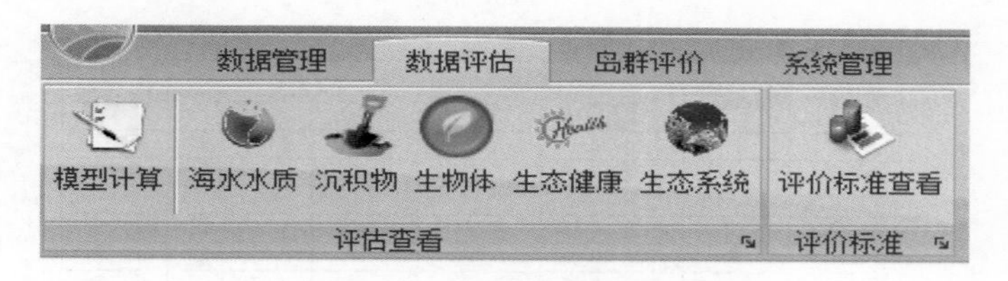

图 11.10　数据评估模块功能菜单

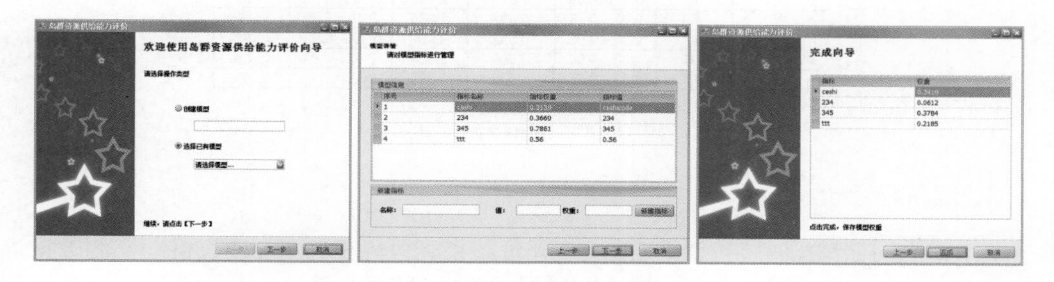

图 11.11　模型创建向导

（1）创建一个模型或选择已有模型。

（2）若为已有模型，则显示该模型的模型指标列表，包括指标名称、指标权重、指标值等；若为新建模型，则模型指标为空。可以输入指标名称、指标值、指标权重来增加指标。相应的模型指标确定后接下来就可以进行模型的计算。

（3）进行模型计算时，首先选择参与计算的模型指标。

（4）通过下来选择层次模型中各模型指标的权重值，系统会自动更新矩阵中相应的属性值。

2. 海水水质评价

采用单因子指数法评价站位海水水质，评价结果表可导出为 Excel 表格（图 11.12 和图 11.13）。监测数据可通过地图图层或选择矢量文件加载。

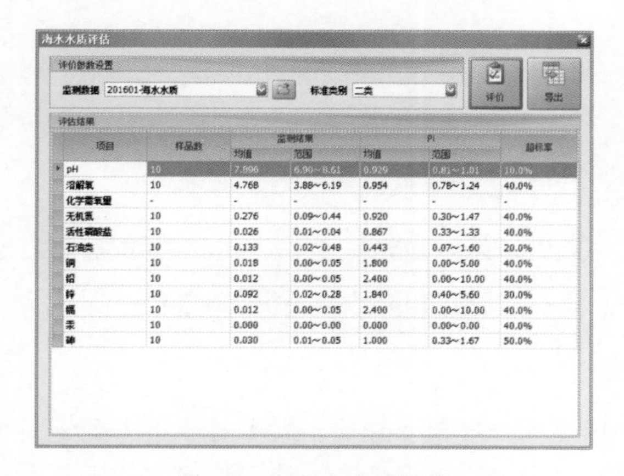

项目	样品数	监测结果		Pi		超标率
		均值	范围	均值	范围	
pH	10	7.896	6.90～8.61	0.929	0.81～1.01	10.0%
溶解氧	10	4.768	3.88～6.19	0.954	0.78～1.24	40.0%
化学需氧量	-	-	-	-	-	-
无机氮	10	0.276	0.09～0.44	0.920	0.30～1.47	40.0%
活性磷酸盐	10	0.026	0.01～0.04	0.867	0.33～1.33	40.0%
石油类	10	0.133	0.02～0.48	0.443	0.07～1.60	20.0%
铜	10	0.018	0.00～0.05	1.800	0.00～5.00	40.0%
铅	10	0.012	0.00～0.05	2.400	0.00～10.00	40.0%
锌	10	0.092	0.02～0.28	1.840	0.40～5.60	30.0%
镉	10	0.012	0.00～0.05	2.400	0.00～10.00	40.0%
汞	10	0.000	0.00～0.00	0.000	0.00～0.00	40.0%
砷	10	0.030	0.01～0.05	1.000	0.33～1.67	50.0%

图 11.12　海水水质评价

项目	样品数	监测结果		Pi		样品数
		均值	范围	均值	范围	
pH	10	6.90～8.61	7.896	0.929	0.81～1.01	10.0%
溶解氧	10	3.88～6.19	4.768	0.954	0.78～1.24	40.0%
化学需氧量	-	-	-	-	-	-
无机氮	10	0.09～0.44	0.276	0.920	0.30～1.47	40.0%
活性磷酸盐	10	0.01～0.04	0.026	0.867	0.33～1.33	40.0%
石油类	10	0.02～0.48	0.133	0.443	0.07～1.60	20.0%
铜	10	0.00～0.05	0.018	1.800	0.00～5.00	40.0%
铅	10	0.00～0.05	0.012	2.400	0.00～10.00	40.0%
锌	10	0.02～0.28	0.092	1.840	0.40～5.60	30.0%
镉	10	0.00～0.05	0.012	2.400	0.00～10.00	40.0%
汞	10	0.00～0.00	0.000	0.000	0.00～0.00	40.0%
砷	10	0.01～0.05	0.030	1.000	0.33～1.67	50.0%

图 11.13　导出数据效果图

3. 沉积物评价

采用单因子指数法评价沉积物质量，评价结果表可导出为 Excel 表格。监测数据可通过地图图层或选择矢量文件加载。操作过程同海水水质评价。

4. 生物体评价

采用单因子指数法评价生物体质量，评价结果表可导出为 Excel 表格。监测数据可通过地图图层或选择矢量文件加载。操作过程同海水水质评价。

5. 生态健康评价

选择相应的水环境、沉积环境、生物残毒、生物的监测站点数据，输入栖息地变化参数，点击评价实现生态系统健康评价。点击图 11.14 右侧评价结果中具体项目可查看该项目的详细评价信息。

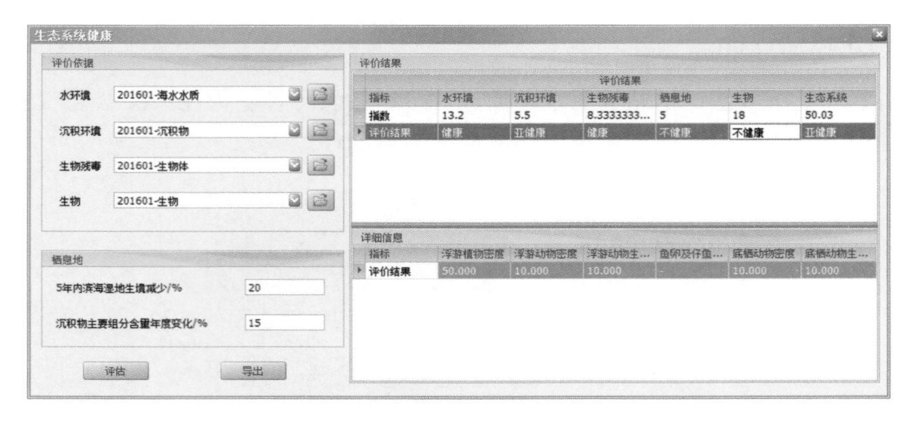

图 11.14　生态系统健康评价

6. 生态系统评价

生态系统主要包括森林、湿地、绿地、农田等。生态系统面积可从图层列表中选取或从矢量文件读取。单价表为进行生态系统评价依据的服务类别单价表，该单价表可修改。

评价实现可根据海坛岛及附近岛屿森林、湿地、绿地、农田生态系统面积和服务功能的单位面积价值，计算海坛岛及附近岛屿生态系统服务总价值（图 11.15）。

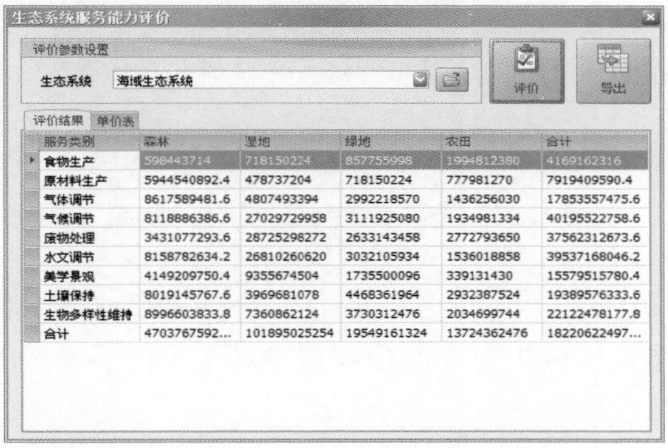

生态系统服务能力评价

评价参数设置

生态系统　海域生态系统

评价　导出

评价结果　单价表

服务类别	森林	湿地	绿地	农田	合计
食物生产	598443714	718150224	857755998	1994812380	4169162316
原材料生产	5944540892.4	478737204	718150224	777981270	7919409590.4
气体调节	8617589481.6	4807493394	2992218570	1436256030	17853557475.6
气候调节	8118886386.6	27029729958	3111925080	1934981334	40195522758.6
废物处理	3431077293.6	28725298272	2633143458	2772793650	37562312673.6
水文调节	8158782634.2	26810260620	3032105934	1536018858	39537168046.2
美学景观	4149209750.4	9355674504	1735500096	339131430	15579515780.4
土壤保持	8019145767.6	3969681078	4468361964	2932387524	19389576333.6
生物多样性维持	8996603833.8	7360862124	3730312476	2034699744	22122478177.8
合计	4703767592...	101895025254	19549161324	13724362476	18220622497...

图 11.15　生态系统服务能力评价结果

7. 评价标准查看

如图 11.16 所示，评价标准查看可实现海水水质、沉积物、生物体、生态健康、生态系统评价标准的查看。

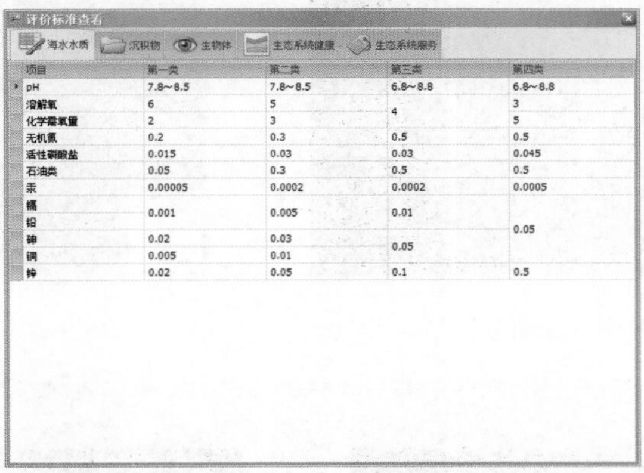

评价标准查看

海水水质　沉积物　生物体　生态系统健康　生态系统服务

项目	第一类	第二类	第三类	第四类
pH	7.8~8.5	7.8~8.5	6.8~8.8	6.8~8.8
溶解氧	6	5	4	3
化学需氧量	2	3		5
无机氮	0.2	0.3	0.5	0.5
活性磷酸盐	0.015	0.03	0.03	0.045
石油类	0.05	0.3	0.5	0.5
汞	0.00005	0.0002	0.0002	0.0005
镉	0.001	0.005	0.01	0.05
铅				
砷	0.02	0.03	0.05	
铜	0.005	0.01		
锌	0.02	0.05	0.1	0.5

图 11.16　海水水质评价标准

11.2.4　岛群综合承载力空间分区评价

综合岛陆生态源地、生态系统、地形、行政区划、道路、土地利用类型、人口、海岛形状等矢量数据，应用欧氏距离空间分析方法生成不同的栅格图层，应用提出的海坛岛及附近岛屿综合承载力分区评价模型，对前一步生成的栅格图层重分类、然后加权计算，实现综合承载力分区。如图 11.17 所示，岛群承载力空间分区评价包括约束型评价、引导型评价、综合承载力评价和评价指标查看 4 个功能。

图 11.17　岛群承载力空间分区评价菜单

1. 约束型评价

约束型指标主要指使区域生态环境和社会发展承压的要素，包括生态敏感性、地形地貌、人口和景观异质性。

从图层列表选取或文件加载的方式，选择岛陆生态源地、海域生态系统、坡度、人口分布、景观破碎度等文件并选择保存路径，进行约束型分区的计算，并将计算结果添加到地图中，如图 11.18~图 11.22 所示。

图 11.18　岛陆生态源地分级图

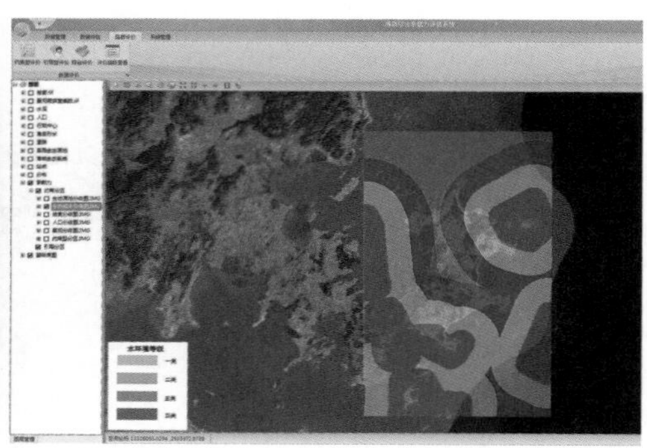

图 11.19　生态成本分级图

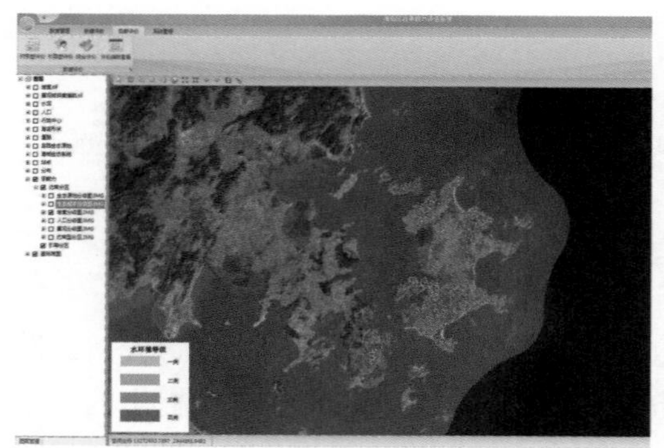

图 11.20　坡度分级图

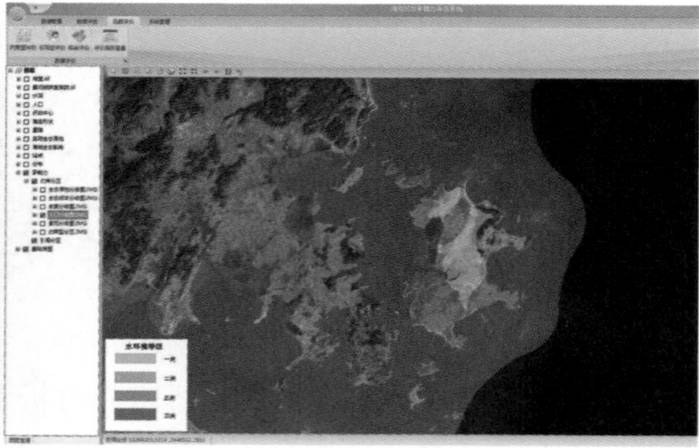

图 11.21　人口分级图

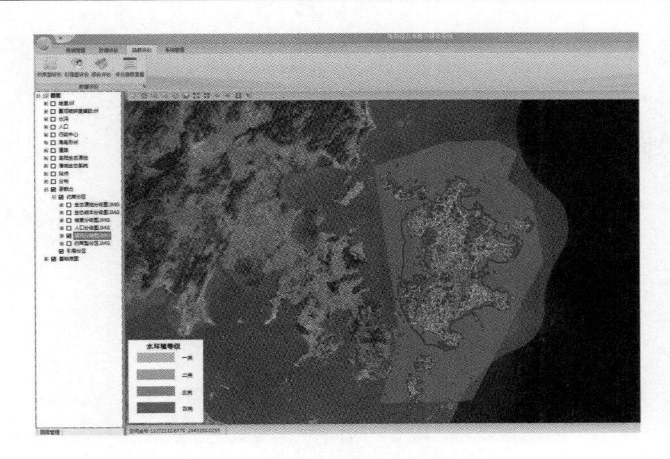

图 11.22　景观破碎度分级图

2. 引导型评价

引导型因素主要是指对区域集聚开发有促进、刺激和引导作用的因素，包括资源条件、规模集聚与区位条件等。

从图层列表选取或文件加载的方式，选择水深条件、海岛形状指数、距行政中心距离、交通通达度等文件并选择保存路径，进行引导型分区的计算，并将计算结果添加到地图中，如图 11.23~图 11.26 所示。

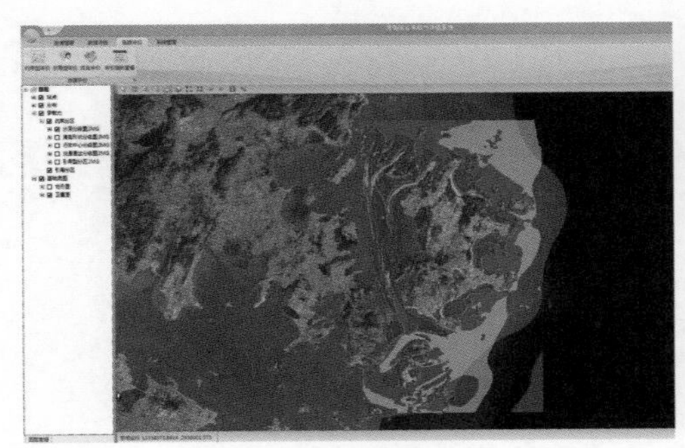

图 11.23　水深分级图

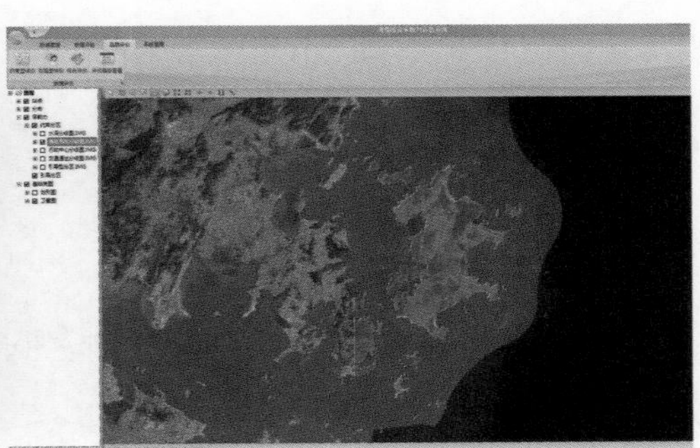

图 11.24　海岛形状分级图

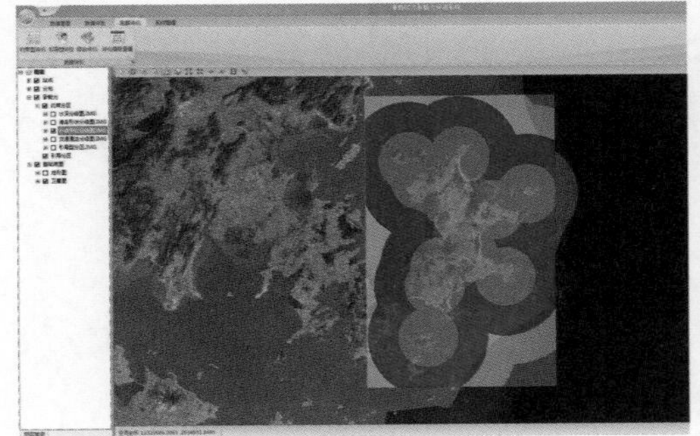

图 11.25 行政中心分级图

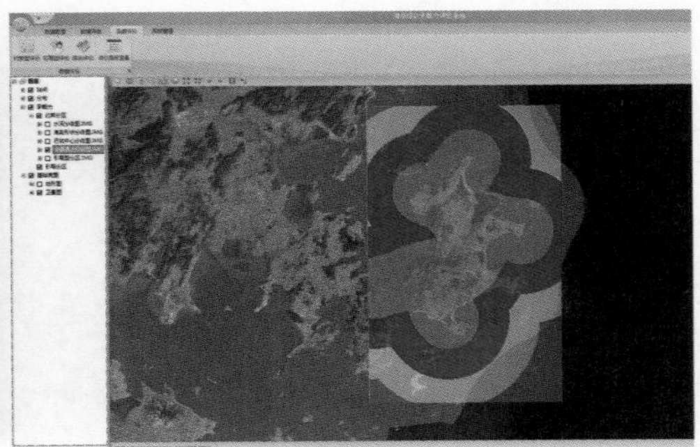

图 11.26　交通通达度分级图

3. 综合承载力评价

综合约束型评价分区和引导型评价分区生成综合承载力评价分区（图 11.27），并将计算结果添加到地图中。

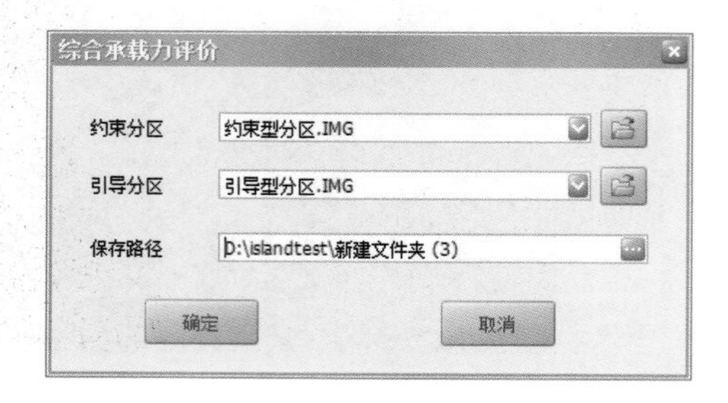

图 11.27　综合承载力评价计算

4. 评价指标查看

如图 11.28 所示，可查看进行岛群综合承载力评价的标准。

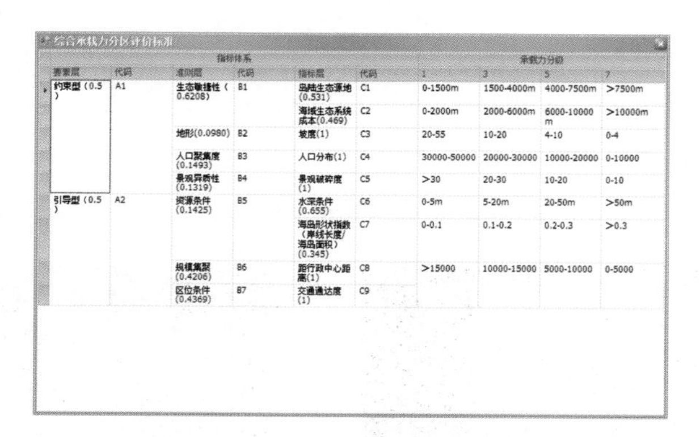

综合承载力分区评价标准

指标体系						承载力分级			
要素层	代码	准则层	代码	指标层	代码	1	3	5	7
约束型（0.5）	A1	生态敏感性（0.6208）	B1	岛陆生态源地(0.531)	C1	0-1500m	1500-4000m	4000-7500m	>7500m
				海域生态系统成本(0.469)	C2	0-2000m	2000-6000m	6000-10000m	>10000m
		地形(0.0980)	B2	坡度(1)	C3	20-55	10-20	4-10	0-4
		人口聚集度(0.1493)	B3	人口分布(1)	C4	30000-50000	20000-30000	10000-20000	0-10000
		景观异质性(0.1319)	B4	景观破碎度(1)	C5	>30	20-30	10-20	0-10
引导型（0.5）	A2	资源条件(0.1425)	B5	水深条件(0.655)	C6	0-5m	5-20m	20-50m	>50m
				海岛形状指数（岸线长度/海岛面积）(0.345)	C7	0-0.1	0.1-0.2	0.2-0.3	>0.3
		规模集聚(0.4206)	B6	距行政中心距离(1)	C8	>15000	10000-15000	5000-10000	0-5000
		区位条件(0.4369)	B7	交通通达度(1)	C9				

图 11.28　综合承载力分区评价标准

参 考 文 献

《中国海岛志》编纂委员会. 2013. 中国海岛志(山东卷第一册). 北京: 海洋出版社

《中国海岛志》编纂委员会. 2014. 中国海岛志(浙江卷第二册舟山群岛南部). 海洋出版社

柴国平, 徐明德, 王帆, 左婵. 2014. 地球信息科学. 资源与环境承载力综合评价模型研究, 16(3): 257-263

陈丙欣, 叶裕民. 2008. 京津冀都市区空间演化轨迹及影响因素分析. 城市发展研究, 15(1): 21-35

陈洋波, 陈俊合. 2004. 水资源承载能力研究中的若干问题探讨. 中山大学学报(自然科学版), 43(6): 181-185

陈仲新, 张清时. 2000. 中国生态系统效益的价值. 科学通报. 45(1): 17-22

池源, 石洪华, 郭振, 等. 2015. 海岛生态脆弱性的内涵、特征及成因探析. 海洋学报, 37(12): 93-105

池源, 石洪华, 王晓丽, 等. 2015. 庙岛群岛南五岛生态系统净初级生产力空间分布及其影响因子. 生态学报, 35(24): 8094-8106

池源, 石洪华, 王媛媛, 等. 2017. 海岛生态系统承载力空间分异性评估-以庙岛群岛南部岛群为例. 中国环境科学, 37(3): 1188-1200

崔凤军, 刘家明, 李巧玲. 1998. 旅游承载力指数及其应用研究. 旅游学刊, (3): 41-43

戴明宏, 王腊春　魏兴萍. 2016. 基于熵权的模糊综合评价模型的广西水资源承载力空间分异研究. 水土保持研究. 23(1): 193-199

狄乾斌, 韩增林, 刘锴. 2004. 海域承载力研究的若干问题. 地理与地理信息科学, 20(5): 50-53

范浩. 2009. 广州港伶仃航道的船舶双向通航能力. 水运管理, 31(10): 54-55

傅春, 冯尚友. 2000. 水资源持续利用(生态水利)原理的探讨. 水科学进展, 11(4): 436-440

傅湘, 纪昌明. 1999. 区域水资源承载力能力综合评价——主成分分析法的应用. 长江流域资源与环境, (2): 168-173

高吉喜. 2001. 可持续理论探索——生态承载力理论、方法与应用. 北京: 中国环境科学出版社

国家海洋局. 2005. 近海海洋生态健康评价指南(HY/T 087—2005). 北京: 中国标准出版社.

计明军, 陈哲, 王清斌. 2011. 集装箱船舶支线运输航线优化算法. 交通运输工程学报. (4): 68-75

贾嵘, 薛惠峰, 解建仓等. 1998. 区域水资源承载力研究. 西安理工大学学报, 14(4): 382-387

蒋贵彦, 卓玛措. 2013. 青海南部高原藏区生态旅游资源空间承载力研究. 资源与产业, 15(4): 113-117

焦雯珺, 闵庆文, 李文华. 2016. 基于ESEF的水生态承载力评估——以太湖流域湖州市为例. 长江流域与环境, 25(1): 147-155

焦宇, 康与涛, 尹小贝, 等. 2012. 港口交通资源承载力预测预警模型. 交通运输工程学报, 12(2): 84-92

金磊. 城市安全风险评价的理论与实践. 城市问题, 2008(2): 35-40

金世昌. 2008. 浙江渔业经济可持续发展模式研究. 浙江海洋学院(自然科学版), 27(4): 444-447

雷勋平, 邱广华. 2016. 基于熵权 TOPSIS 模型的区域资源环境承载力评价实证研究. 环境科学学报, 36(1): 314-323

李东序, 赵富强. 2008. 城市综合承载力结构模型与耦合机制研究. 城市发展研究, 15(6): 37-42

李闽榕, 王秉安. 2011. 海峡经济区发展报告. 北京: 社会科学文献出版社

李强, 刘剑锋, 李小波, 等. 2016, 京津冀土地承载力空间分异特征及协同提升机制研究. 地理与地理信息科学, 32(1): 105-111

李晓炜. 2006. 水资源管理中的生态系统价值评估. 水利水电快报, 27(12): 1-4

李志勇, 徐颂军, 徐红宇, 等. 2012. 湛江湾生态系统服务功能与价值评估. 海洋环境科学, 31(4): 567-571

廖克佳. 2015. 宁波-舟山核心港锚地饱和度的研究. 大连海事大学

林志兰, 黄宁, 陈秋明, 等. 2012. 无居民海岛开发适宜性评价指标体系的构建和在厦门海域的应用.

台湾海峡, 31(1): 136-142
刘惠敏. 2011. 长江三角洲城市群综合承载力的时空分异研究. 中国软科学, 2011(10): 114-122
刘康, 霍军. 2008. 海岸带承载力影响因素与评估指标体系初探. 中国海洋大学学报: 社会科学版, (4): 8-11
刘明华, 赵爽, 杨秀花. 2014. 河南省区域综合承载力动态评价研究. 地域研究与开发, 33(4): 31-36
刘晓冰, 保继刚. 1996. 旅游开发的环境影响研究进展. 地理研究, 15(4): 92-100
卢士强, 徐祖信, 罗海林等. 2006. 上海市主要河流调水方案的水质影响分析. 河海大学学报(自然科学版), 34(1): 32-36
卢振彬, 杜琦, 颜尤明等. 1999. 厦门沿岸海域贝类适养面积和可养量的估算. 台湾海峡
罗松森, 郑道昌, 刘桂云, 庄佩君. 2007. 虾峙门航道船舶通航能力评估. 宁波大学学报, 20(3): 409-413
毛汉英, 余丹林. 2001. 区域承载力定量研究方法探讨. 地球科学进展, 16(4): 549-555
彭文英, 刘念北. 2015. 首都圈人口空间分布优化策略——基于土地资源承载力估测. 地理科学, 35(5): 558-564
皮庆, 王小林, 成金华, 等. 2016. 基于 PSR 模型的环境承载力评价指标体系与应用研究——以武汉城市圈为例. 科技管理研究, 36(6): 238-244
饶良露, 朱金兆. 2003. 重庆四面山森林生态系统服务功能价值的初步评估. 水土保持学报, 17(5): 5-6
石洪华, 王晓丽, 王媛. 2013. 北长山岛森林乔木层碳储量及其影响因子. 生态学报, 33(19): 6363-6372
石洪华, 郑伟, 丁德文. 2009. 典型海岛生态系统服务及价值评估. 海洋环境科学, 28(6): 743-748
宋艳春, 余敦. 2014. 鄱阳湖生态经济区资源环境综合承载力评价. 应用生态学报, 25(10): 2975-2984
宋焱. 2011. 平潭综合实验区两岸合作共建模式研究. 北京: 社会科学文献出版社
苏盼盼, 叶属峰, 过仲阳, 等. 2014. 基于 AD-AS 模型的海岸带生态系统综合承载力评估——以舟山海岸带为例. 生态学报, 34(3): 718-726
唐剑武, 叶文虎. 1998. 中国环境承载力的本质及其定量化初步研究. 中国环境科学, 18(3): 227-230
汪自书, 苑魁魁, 吕春英, 等. 2015. 基于资源环境禀赋与压力的城市综合承载力研究——以大连市为例. 干旱区资源与环境, 29(8): 64-69
王浩, 秦大庸, 王建华, 等. 2004. 西北内陆干旱区水资源承载能力研究. 自然资源学报, 19(2): 151-159
魏超, 叶属峰, 过仲阳, 等. 2013. 海岸带区域综合承载力评估指标体系的构建与应用——以南通市为例. 生态学报, 33(18): 5893-5904
翁骏超, 袁琳, 张利权, 等. 2015. 象山港海湾生态系统综合承载力评估. 华东师范大学学报(自然科学版), (4): 110-122
吴玲玲, 陆健健, 童春富, 等. 2003. 长江口湿地生态系统服务功能价值的评估. 长江流域资源与环境, 12(5): 411-416
吴姗姗, 方春洪, 刘治帅. 2014. 岛群资源供给能力评价方法研究. 海洋开发与管理, 31(8): 1-4
夏军, 朱一中. 2002. 水资源安全的度量: 水资源承载力的研究与挑战. 自然资源学报, 17(3): 262-265
谢高地, 周海林, 甄霖, 等. 2005. 中国水资源对发展的承载能力研究. 资源科学, 27(4): 2-7
熊鹰, 姜妮, 李静芝, 等. 2016. 基于水资源承载的长株潭城市群适度规模研究. 经济地理, 36(1): 75-81
熊鹰, 杨雪白. 2014. 城市山岳型旅游地旅游资源空间承载力分析——以岳麓山风景区为例. 中国人口·资源与环境, 24(s1): 301-304
徐凡. 2007. 白水江自然保护区人口-资源承载力研究. 安徽农业科学, 35(7): 2163-2164
徐玖平. 2005. 多目标决策的理论与方法. 北京: 清华大学出版社
徐利斌. 2005. 舟山港锚地规划研究". 上海海事大学硕士学位论文, 2005
许有鹏. 1993. 干旱区水资源承载能力综合评价研究——以新疆和田河流域为例. 自然资源学报, 8(3): 229-237
杨洋, 刘志国, 何彦龙, 等. 2016. 基于非平衡产量模型的海洋渔业资源承载力评估——以浙江省为例.

海洋环境科学, 35(4): 534-539
杨喆, 程灿, 谭雪, 等. 2016. 基于水质和水量视角下的水环境承载力研究——以高淳固城湖流域为例. 环境保护科学, 42(1): 70-76
叶属峰. 2012. 长江三角洲海岸带区域综合承载力评估与决策: 理论与实践, 北京: 海洋出版社
于广华, 孙才志. 2015. 环渤海沿海地区土地承载力时空分异特征. 生态学报, 35(14): 4860-4870
曾鹏, 王云琪, 张晓君. 2015. 中国十大城市群综合承载力比较研究. 统计与信息论坛, 30(1): 76-82
张继民, 刘霜, 尹韦翰等. 2012. 黄河口区域综合承载力评估指标体系初步构建及应用. 海洋通报, 31(5): 496-501
张静, 曾维华, 吴舜泽, 吴悦颖等. 2016. 一种新的区域环境承载力评价预警方法及应用. 生态经济, 32(2): 19-22
张林波, 李文华, 刘孝富等. 2009. 承载力理论的起源、发展与展望. 生态学报, 29(2): 878-888
张太海, 赵江彬. 2012. 承载力概念的演变分析. 经济研究导刊, (14): 11-14
浙江省发改委. 2014. 定海区金塘镇小城市培育试点三年(2014-2016 年)行动计划
郑士源. 2012. 干散货运输船舶投资订购的内在影响机制. 交通运输工程学, 12(1): 87-94.
中共舟山市定海区委和舟山市定海区人民政府. 2009. 定海年鉴 2009
舟山港务管理局. 2006. 舟山巷道和锚地专项规划
舟山金塘岛管委会. 2005. 金塘岛深水港规划. 航海: 2005(2): 4-6
舟山金塘岛管委会. 2009. 舟山市金塘岛总体规划(2009-2020)
舟山金塘岛管委会. 金塘投资指南
舟山市册子乡管委会. 2012. 舟山册子岛旅游开发策划方案
舟山市册子乡管委会. 2010. 册子岛招商指南
舟山市册子乡管委会. 2013. 册子简介
舟山市定海区人民政府. 2010. 舟山市定海区土地利用总规划
舟山市定海区统计局. 2012. 定海统计年鉴 2015
舟山市统计局, 国家统计局舟山调查队. 2016. 舟山统计年鉴 2015. 中国统计出版社
Cohen J H. 1995. Population growth and Earth human carrying capacity. Science, 269(21): 341-346
Costanza R, d'Arge, De Groot R, et al. 1997. The value of the world's ecosystem services and natural capital. Nature, 387: 253-260
Daily G C, Ehrlich P R. 1992. Population, sustainability, and earth carrying capacity. Bioscience, 42(10): 761-771
Daily G C, Ehrlich P R. 1996. Social economic equity, sustainability and Earth carrying capacity[J]. Ecological Applicat ion, 6(4): 991-1001
Daily H E. 1990. Carrying capacity as a tool of development policy: the Ecuadorian Amazon and Paraguayan Chaco. Ecological Economics, 2: 187-195
Fakhraei H, Driscoll C T, Selvendiran P, et al. 2014. Development of a total maximum daily load(TMDL)for acid-impaired lakes in the Adirondack region of New York. Atmospheric Environment, 95: 277-287
FAO. 1982. pential population supporting capacities of land in developing world Rome[M]. Rome: Food and Agriculture organzation of the United Nations, 1982
Graymore M L M, Sipe N G, Rickson R E. 2010. Sustaining human carrying capacity: A tool for regional sustainability assessment. Ecological Economics, 69(3): 459-468
Hardin G. 1986. Cultural capacity: a biological approach to human problems. Bioscience, 36(9): 599- 604
Inskeep E. 1991. Tourism Planning: An Integrated and Sustainable Approach. New York: Van Nostrand Reinhold company, 112-123
Lieth H, Whittaker R H. 1975. Primary Productivity of the Biosphere. New York: Spring-Verlag Press
Mcleod S R. 1997. Is the concept of carrying capacity useful in variableenvironment. OIKOS, 79: 529-542
Meyer P S, Auubel J H. 1999. Carrying capacity: a model with logistically varying limits. Tchnological Forecasting and Social Change , 61(3): 209-214

Oh K, Jeong Y, Lee D, et al. 2002. An integrated framework for the assessment of urban carrying capacity. J. Korea Plan Assoc, 37(5): 7-26

Park R F, Burgoss E W. 1921. An Introduction to the science of socislogy. Chicago: The University of Chicago Press

Sagoff M. 1995. Carrying capacit y and ecological economics. Bio-science, 45(9): 610-618

Seidl I, Tisdell C A. 1999. Carrying capacit y reconsidered: from Malthus population theory to cultural carrying capacit y. Ecological Economics, 31: 395-348

Uchijima Z, Seino H. Agroclimatic evaluation of net primary productivity of natural vegetation: (1) Chikugo Chikugo model for evaluating netprimary productivity[J]. Journal of Agrcultural Meterorology, 40(4): 343-352

UNESCO&FAO. 1985. Carrying capacity assessment with a pilot study of Kenya: A resource accounting methodology for sustainable development. Paris and Rome: Food ang Agriculture Organization of the United Nations

Walters C J, Hilborn R. 1976. Adaptive control of fishing systems. Journal of the Fisheries Research Board of Canada, 33(1): 145-159

Zhang L B. 2007. Ecological Carrying Capacity Theory and Assessment Method of Urban Ecosystem-Shenzhen as a Case Study. Beijing: China Institute of Geographical Sciences and Natural Resources Research, CAS